JN091627

数学千夜一夜

〜「数字の発明」から「AIの発展」まで〜

はじめに

本書は、数学に終始するのではなく、「魔法」の元である「考えるという事」に力点を置いています。

日常の中にある「なんだ、これはという好奇心」、それに「どうしてなのだという探求心」を刺激して「考えるということ」を主題の核心としています。

*

「考える」ということは、別に難しいことではありません。

「何だ、これ？という好奇心」と「なんで？という探求心」さえあれば、別に高度で難解な数学を使わなくても「多くの難解な問題」も現在では中学・高校生でも基礎理論の数学やプログラムを知らなくてもAIを使って解くことができるようになってきています。

本書では、数式が出てきますが、その考え方を解説するために必要なので記載していますが、数式部分は読み飛ばして、おおむねの流れを読んで頂ければ、それでよいのです。

「考える」ということは、実は楽しいことです。
この楽しいが続くと「面白い」になれば、本書を書くものとして本当に嬉しいことです。

本書では、話を展開する上で、「千一夜物語」の「王様」と「姫とその妹」が出てきます。

もちろん、話の中の王様と姫たちは架空の人物ですが、「話そのもの」は、私たちの日常の中に出てくる現象や事象などや小学校・中学校・高等学校で習った数学も出てきます。
少しでも楽しんでいただければ幸いです。

和田尚之

数学千夜一夜

～「数字の発明」から「AIの発展」まで～

CONTENTS

プロローグ

「魔法」という道具と3人の老人の話

むかしむかし、サーサーン朝(ササン朝ペルシャ)にシャハリヤール王がいました。王様は、夜の帳が下りた寝室で、暇そうに葡萄の酒を飲み、ナツメヤシを食べながら大臣に言いつけた娘が来るのを待っていました。

王様は、昔の妻の不貞という苦い記憶が忘れられず、毎夜大臣に命じて、彼が連れてくる娘たちを一夜限りの妻に迎えては翌朝に殺してしまううちに、もう国には若い娘の姿はなくなってしまっていました。

大臣には二人の娘がいましたが、国の多くの若い娘が王様によって殺されるのを見てきた父である大臣はすっかり憔悴していました。
その顔を何度も見てきた姉娘のシエラザードは、ついに自分を王様に娶せるように父の大臣に頼み込みました。

姉のシエラザードが王様との夫婦の契りが済むと、姉に乞われて妹のドニアザードが呼ばれます。かねてから姉妹で申し合わせていたように妹のドニアザードが姉のシエラザードに物語をねだりました。

姉が古今東西の物語を驚くほどよく知っていたからです。妹のドニアザードは話をねだり、聞き出すのがとても上手な愛らしい娘でした。

こうして、その夜から姉のシエラザードが語る「物語」が始まったのです。

*

昔、ある商人がナツメヤシの種を捨てたとき、鬼神が現われて、「その捨てられた種を食べた子供が死んだので、おまえを殺す」と話しました。
商人は驚き、身の回りの整理が済んだら必ずここへ戻ってくるので、それまでは許してほしいと頼みました。

商人が約束通り、戻ってくると、「カモシカを連れた老人」と「2匹の猟犬を連れた老人」と「メスのロバを連れた老人」が現われ、鬼神へ不思議な話を聞かせてあげるので、その商人を許してやってほしいといいました。

*

第1の老人は、ある商人が妻との間に子が生まれなかったので、夫が別の女性に子をもうけたことに嫉妬し、その女性と子を魔法で牛に変えてしまい、商人は牛にされたのが我が子とは知らずに殺そうとしましたが、牛飼いの娘が、牛があまりにも泣くので、それを見て、牛の正体が子を産んだ女の「子」であることを見破ったという話をしました。
そのたくらみを行った商人の妻を魔法によってカモシカに変えてしまったのです。

*

第2の老人は、お金をめぐってトラブルになった3人の兄弟の話で、3人のうちの2人の兄が弟を殺そうとたくらみます。そのトラブルを解決したのが女鬼神で、よからぬたくらみにした兄2人を魔法で猟犬に変えてしまった、という話をしました。

*

第3の老人は、善良な商人が不貞をしていた妻によって知られまいとして犬に変えられてしまいますが、その犬はある肉屋の娘によって人間に戻してもらい、逆に悪いたくらみをした妻は驢馬に変えられてしまった、という魔法の話をしました。

*

こうして、話は不思議な魔法という「あるもの」に、シャハリヤール王はすっかり夜の明けるのにも気が付かずシエラザードの話に夢中になって聞いていました。

「で…、その魔法というのは、どういうものなのじゃ？」と王様が先を促すと、
「そうですわね、魔法というのは、なんでも自由に思い通りになる不思議なものです」
「ふ～む、魔法か…」と王様は不思議な気分にさせられていました。

その顔を見ていた姫は、王様のひざを軽くぽんとたたき、
「その魔法の話は、また明晩…に」

そう言うと、シエラザードは王様の横で、すやすやと寝入ってしまいました。王様は、どうしても続きが聞きたかったのですが、美しい顔で寝ている新妻の姫を見ているうちに自分もいつの間にか寝入ってしまいました。

朝になって、いそいそと朝餉の用意をさせている妻からは、昨晩のあの妻とは別人のように思えましたが、王様はまた話が聞きたくて姫のシエラザードを殺すのが惜しくなり、伸ばすことにしました。

現代における「魔法」

千一夜物語は「ジャスミン王子とアーモンド姫の優しい物語（第998夜-第1001夜）」で最後は大団円（ハッピーエンド）で終わり、シャハリヤール王は国の娘を殺すのをもうやめて、語り手の姫のシエラザードを仲良く末永く暮らすという物語です。

物語には、「船乗りシンドバードの物語」「アラジンと魔法のランプ」「アリ・ババと四十人の盗賊の物語」などが前後の話に関係なくさまざまに散りばめられています。王様が、わくわくと目を輝かせ続きを聞きたいというのは無理のないことだと思えますね。

そういえば、シエラザードの妹のドニアザードも姉に似て美しく聡明な娘でしたが、小さい頃から姉の話をねだり、聞くことが大好きでしたので。聞き上手になっていました。

そして、その愛らしい妹は知っていたのです。
本当は、「誰も人から動物になんか変わっていない」のに、そうした話を伝え聞いたものが事実と信じて、次から次へと話が伝わるうち変わっていったということを。

誰しもが、あるものが「それは、けっこう大きい」と聞くと、頭の中で、かってに想像を膨らませて、とんでもないものに変わってしまいます。

話しの中では、「何がどのように大きいのか？」がないために、聞いた人は、次に話す人に面白おかしく話していき、最後には「その大きいもの」が人にも動物にも変わり、挙句の果てに、恐ろしい悪魔にも優しい天使にもなることをドニアザードは知っていたのです。

＊

現在の今でも、「魔法」という言葉はよく使われますが、「魔法や魔法の絨毯」を信じている人はほとんどいないのではないでしょうか！？

しかし、現在から千年も前に、まさか「鉄でできた船が世界の海を渡る」、「鉄でできたものが数百人を乗せて空を飛ぶ」、さらには「人が月に実際に行って、生きて帰ってくる」などは、古代の人は誰が信じるでしょうか？

古代の人が見たならば、船や飛行機などは「魔法」以外の何物でもありません。

こうした古代の人にしてみれば、ある不思議なものや出来事は、みな「魔法」という言葉でしか受け入れることができなかったのです。

つまり、「魔法」は「訳の分からない何か」という「不思議なもの（ブラックボックス）」として考えることで、「分からないものを、分かったようにする」ことで、受け入れるしかなかったものと言えそうです。

＊

時は進み、「火」や、「鉄」の発明は、時代を「魔法」が掛かったように大きく変えていきました。特に数学における「４つの魔法のランプ」は新しい世界を灯していきました。

第二次世界大戦では、ドイツの「エニグマ」(Enigma)という暗号機の解読に一役買ったアラン・マシスン・チューリング(Alan Mathison Turing、1912-1954)は、現在ではコンピュータの誕生に大きく貢献した人として知られています。

この「コンピュータの登場」や、「情報通信技術の進歩」が大きく時代を変えていった「近代の魔法」とも呼べるものです。

チューリングの電動式暗号解読機は、現代のコンピュータの礎となったものです。これらのコンピュータは、いかにもブラックボックスの代名詞のような存在ですが、現代の時代を大きく転換させたという事実は人類にとって大きな一歩といえます。

こうした時代の延長上にある現代では、応用数学による一般解や特殊解の抽出から、データを駆使した統計学による解析や、さらには人の手では負えない膨大な量のデータをも扱う数学を基礎骨格に持つ「機械学習・AI（人工知能：Artificial Intelligence)」が私たちの日常生活へも浸透し始めています。

古代の人たちにとっては、鉄の部品で出来たような機械が学習するというAIは「魔法」以外の何物でもないかもしれません。

ただ、本当に「AIは人のように考えているのか？」というと、そうではありません。

AIは「人工知能」という名を馳せていますが、現在の今も「みずから考える自発的な自律した意識」をもつAIは存在していません。

AIが行なっているのは、データの中に潜む「パターン」を「分類」し、「抽出」しているだけです。

それらが「何であるのか」という「教師データ」と呼ばれる模範解のデータを与えて、解析したい対象を「分類し評価して予測」することを行なっています。

学習データが増えるほど、データごとのパターンの差が小さくなり、正答率が上がるのは、こうした「機械による学習」の成果と言えます。

また、この過程を応用して「セザンヌの画風を学習させて新しい絵をつくる」という「生成」という領域まで、今では研究・開発がなされています。

この成果物を見ると、確かに「人工知能」が生み出すものは、「魔法の産物」の未知の世界へ足を踏み込み始めたといえます。

この「魔法」が、今回の主題なのですが、多くの科学・技術の分野では、基本となる「数学」が大きな役割を担っています。

数学と聞くと及び腰になる方が多いですが、数学に関する入門書や数学が苦手な人のための書籍は非常に多くのものが刊行されています。

エニグマという魔法の暗号機械

チューリングは1935年に中心極限定理（実際は1922年にドイツのJ.W.リンデベルグによって証明は済んでいた）を証明し、それが評価されて数学への道を歩み多くの業績を残しています。

また、ドイツのエニグマ暗号機はアルトゥール・シェルビウス（Arthur Scherbius、独、電気技術者・発明家、1878-1929）によって1918年に特許出願がされ1920年代にドイツ軍が運用を開始したものです。

このエニグマは電気機械式暗号機械で、表示盤と呼ばれるランプボードと3枚のローターの暗号円盤、それにリフレクターという反転ローターと解読に必要なプラグボードから成っています。

文字を入れるたびにローターが回転し、電気回路が変更されるため、「a」という文字を入力して、次の「a」と入力しても前の「a」とは異なる文字が出現し、暗号化されていきます。

この構造のローターの組み合わせでは、

アルファベットの26文字 ➡ 26! ＝ 403,291,461,126,605,635,584,000,000通りの解

が存在することになります。

解読不能と呼ばれた驚異的な「魔法（悪魔）の暗号機械」です。

これをチューリングは当初「パズルを解くための総当たり」という独特な発想からヒントを得ますが、対象となるドイツ軍のエニグマではプラグボードとローターの換字に基本コードとなる換字を入れて、それを24時間ごとに変える（日鍵と呼ばれていたキーワードを使う）ことを行なっていました。
そんなある日、暗号文送電の前に、「何の変哲もないような平文の中に、当日用いられるランプボードの設定が隠されているキーワードがある」ことに気が付きます。

エニグマ運用の初期は、ドイツ軍は間違いを回避するため日鍵を反復送信していたことがきっかけになります。チューリングらは、これを日鍵の暗号化のキーワードであろうと推測したのです。

この最初の設定さえ読み解けば、ドイツ軍のエニグマ暗号期は「平文➡暗号文➡暗号に隠された平文」の解読を総当たりしなくても、短時間で暗号解読ができるようになります。
そして、ついに解読が成功します。

しかしながら、この解読成功という画期的な業績を上げた事実は1974年まで極秘とされ、チューリングらの功績は脚光を浴びることなく長い不遇の時を過ごすことになりました。残念ながら享年42歳で若き天才数学者のチューリングは1954年に没します。
実は、このドイツ軍のエニグマによる暗号文で、最後まで解読できなかった暗号が解読されたのは、意外にも2013年1月のことで、生まれてから完全解読まで約100年も掛かっています。

ドイツ軍にとっては「とんでもない魔法の道具」であり、連合軍にとっては「とんでもない悪魔の道具」とも言えるものでした。

これほどの「とんでもない魔法の道具のエニグマ」は「平文と同じ長さのコードで、非周期的に暗号のルールを変化させる順変多表式換字（非周期換字）」数学のパズルの応用によって生まれたものです。

第1章

数学における4つの「魔法のランプ」

第1夜

道具として生まれた数と魔法の話

日が暮れる頃、王様のもとへ姫がやってきました。昨夜から「魔法とは、どんなものなのか？」が気になっていた王様は、すぐに話をするように姫に命じました。

「魔法は、何かが違うということから生まれたのです」
「何かが違う…？とは、はてさて？」と、王様はまた分からなくなりました。

*

むかしむかし、今よりもずっと昔に神様が人というものをこの世に作り、初めは1日がいつも穏やかで「永久（とこしえ）の春の園（旧約聖書創世記、エデンの園：語源；シュメール・アッカド語で「平地・平野」の意味）」の中で過ごしていたのです。

そこに「半身半蛇」が現れ、神様が決して食べてはならないという「命の樹と知恵の樹の実のリンゴ」を食べるようにそそのかします。その禁断の実を食べた男と女が「アダムとエバ（イブ）」という名でした。実を食べると相手が自分とは違う形をしていることに気が付き下半身をイチジクの葉で「違う部分」を隠します。神はこのことを怒り、アダムとイブを東方へと追放し、半身半蛇の蛇を、手をなくし地を這うヘビに変えてしまいました。
ここで「女と男」という「違い」が生まれたのです。

そして、人が群れをなして暮らすようになると、他の群れとの争いが起こるようになりました。戦士が戦いにでるさいに、いつのまにか「戦い」に出る戦士は、石を部族の長の前に置いて出陣し、帰ってくると、その石を持ち帰ります。
石が残った分だけ戦士が返ってこなかったというわけです。
こうして「数(石)」を見ることで戦の前と後の戦士の数の違いが分かるようになったのです。いわゆる「魔法の最も重要な道具の数」の誕生です。

*

「なに！？ただそれだけか？」と、王様は少々不満のようです。
「この数の誕生は、いわゆる魔法のひとつなのです」
「魔法と、な…」
王様は、合点がいかないようです。

*

この「数」というものが書き残されたのは、紀元前7万年頃に天体観測を刻んだ「線画」が南アフリカの洞窟で発見され、紀元前3万5千年から2万年頃には、アフリカやフランスで時間を表現しようとした形跡が発見されています。

また、アフリカのコンゴで発見された「イシャンゴの骨(1960年発見、約2万年前の後期旧石器時代の骨角器)」には、大きさの異なる刻み目が3列に刻まれ、素数や掛け算を示唆するようにも見えるため、今もその数学的な真偽は謎のままになっています。

紀元前3千年頃のエジプト文明・メソポタミア文明になると、ものの形をかたどった象形文字が生まれ、バビロニアの楔形文字(60進法)、ギリシャ文字(10進法に近い)が生まれました。これらは、1日の違い、月(季節)の違い、年の違いなどを表すようになっていきます。多くを天体の観測から学んだのです。

人の群れとその数は増えるにしたがって、「宗教」と同時に、雨ごいや敵対するものへの呪いや病を追い払う「呪術」が生まれてきます。

病を治す薬や人を死に至らしめる薬なども、多くの人にとって「不思議なもの」として「呪術、魔術、妖術などのように呼ばれ、多くは魔法」という言葉でしか説明がつかないものが多くなってきます。ある実を煎じたものを飲むと死んだり、病が治ったりは魔法という言葉でしか表すことができなかったのです。

*

「そうか…、人が多くなることで違いの区別が必要になり、数というものが生まれ、そしてさらに人が多くなると、魔法というものもでてきたということなのじゃ、な」
と、王様は少し合点したようです。

「そうですわね。この数というのは、人が生きていく上で、陽の動き、月の動き、そして海の満ち引き、糧を得る道具に必要なものになったのです」と姫が言うと、
「その違う、を知ることが季節や明日をも予言できるということなのじゃ、な」

えぇ、その通りですわ、と姫が言うのを待たずに、王様は、
「では、われらが、物を交換するときに、魚1匹と山羊1匹では、数は同じでも、誰も交換はしないだろう？」と、畳み込みます。

「その通り。それには「数」以外に「量」というものを知らなければならないのです。そのためには、何もない「0」というのも必要となりますのよ」
「ふむふむ」と、さらに聞きたい素振りを見せた王様に姫は、膝を優しくなでて、
「でも、その話は、また明晩…」と、またもや王様の横で気持ちよさそうに寝入ってしまいました。月明かりが、ランプの影を絨毯に落とし、ゆらめく陰に王様も夢の世界へいつのまにか入り込んでいきました。

今夜も姉に呼ばれて、ほとんど合いの手を打つことがなかった妹のドニアザードは、王様の大らかな鼾をききながら、王様とその横で寝るいつもの優しい寝顔を見せる姉に掛物をかけてやり、意外と王様は良い人なのかもしれないと思いました。
そして、小さなあくびをして自分の寝間に戻っていきました。

第2夜
量と0の誕生

姫がやってくると、葡萄の実をひとつ口に入れて、絨毯に座ると話を始めました。王様はナツメヤシをいっぱい口に頬張りながら、「ふむふむ」と話しを聞き始めました。

「数というもの以外に、量というのを知らなければならないのじゃな？」
「えぇ、そうでしたわね」と、まるで子供をあやすように優しく語り始めました。

*

獲物を採ってきて、それを分けるとき、拳ほどのものと腕くらいの大きさでは、争いが起きますね。貰うならやはり腕くらいの方が「良い」と誰でも思います。
そこで、自分たちの身体の部分を「たより」に、「違いを比べる」というようになっていきます。国を治める王様が腕を曲げたとき、肘から中指の先までを「キュービット：cubitum（ラテン語）」という「たより」を使うことで、こうした「大きさを測る」もとが紀元前6000年頃にメソポタミアで生まれました。

また、指1本の幅は「ディジット（ラテン語：digitus）」、親指の幅は「インチ（ラテン語：uncia）」、手のひらの幅は「パーム（ラテン語：palmus）」、手を開いたときの親指から小指までの長さは「スパン（ラテン語：span）」などが出来てきました。
この「1キュービット」からは、

1キュービット＝2スパン＝6パーム＝24ディジット

という法則が実は隠れています。実は、人の身体には不思議な比率があります。

この法則は世の中を円滑に行うためにうまれた「量」ですが、この量は「数」と「ある測るものさしの単位」の積で表します。

数と量が現れると、「何もない」というのは「どう表すか？」という必要が生まれてきます。古代インドの天文学者・数学者ブラフマグプタ（Brahmagupta、

598-665年）が628年に「ブラーマ・スプタ・シッダーンタ（Brāhmasphuṭa siddhānta）」を著し、その中で「0と負の数」にも触れています。

この中では、「ブラフマグプタの二次不定方程式」というのも出てきていて、

$$x^2 - 92y^2 = 1$$

の最小整数解が、「x=1151、y=120」というのも示しています。

$$(1151)^2 - 92 \times (120)^2 = 1$$

$$1,324,801 - 92 \times 14,400 = 1,324,801 - 1,324,800 = 1$$

また、彼は、円に内接する四角形を求める式は、三角形の面積を求める現在の中学・高校で学ぶ「ヘロンの公式（Heron's formura）」の

$$S = \sqrt{s(s-a)(s-b)(s-c)}$$

$$s = \frac{a+b+c}{2}$$

（a,b,cは三角形の辺の長さ）

が、彼による偉業として知られています。（s：Surface area（表面積））。

「0」（0もマイナスの整数も整数です）が出てきて、はじめて計算ができるのですね

ヘロンの公式

ヘロンの公式は紀元前100年頃、古代ギリシャのアレクサンドリアのヘロン（Heron）が「Metrica」の中で著しています。また、彼は、天体観測器械の改良や水オルガン、サイホンなどの発明でも知られています。（ブリタニカ国際大百科事典の小項目辞典）

＊

「ふ〜む…なんだか難しいようじゃが、なんとなく便利なものが、数と量というやつかのぅ」と王様は、ひげをなでて、姫の顔を覗き込むように見ました。

「こうして、いろいろ知るということは、楽しいことですわね。そうそう、このインドの記数法がメソポタミア、エジプトに伝わり、そしてヨーロッパに伝来されてきたので、アラビア数字と呼ばれるようになったのですわ」

「アラビア数字、とな…」
王様は、なんとなく誇らしいような気がしてきました。
「アラビアは、数字とやらを広めたり、まるで魔法のようなものを生み出したりする夢の魔法の夜のようじゃ、な。アラビアンナイトとはよく言ったものじゃ」
今夜は、満足した王様が先に寝てしまいました。姫と妹は、顔を見合わせ、微笑むと、寝間の帳の向こうに煌々と光る満天の星空を飽きもせず、いつまでも見ていました。

第3夜
希少・かたより

今宵は、珍しく嵐がきそうなどんよりした空が重く垂れこめています。
王様は、天気の良い日が大好きで、夜も数えきれないほどの星空を見るのがとても好きでした。
姫とその妹が入ってくると、
「王様、なんだか憂鬱そうですわね」と、王様の膝に掛物をかけてやりました。
「あぁ、わしは小さい時から嵐が怖くて、どうもこのような空模様は好きではないのだ」
そう、いって、王様は話を聞くことに集中しようとしています。
「こういう、嵐の前触れみたいな空の様子は滅多にないので“希少”と言うのですよ」
「きしょう…？」
えぇ、そうですわ、と、姫は話を始めました。

*

たとえば、猟師が獲物を採ってきたとき、その中には、大きなものや小さなものに交じって、とびぬけて大きな獲物があったりしますが、これらは滅多にないので「希少なもの」として、何か良い前触れだとか、悪い前触れだとか魔術では言ったりします。

たくさんの中に、ずば抜けて大きいので、「希少なもの」として、他のものと区別します。

その獲物のように「ずば抜けて」というのであればよく目立つので、はっきり分かりますが「少し大きい」とか「少し小さい」には「かたより」という「違い」があります。

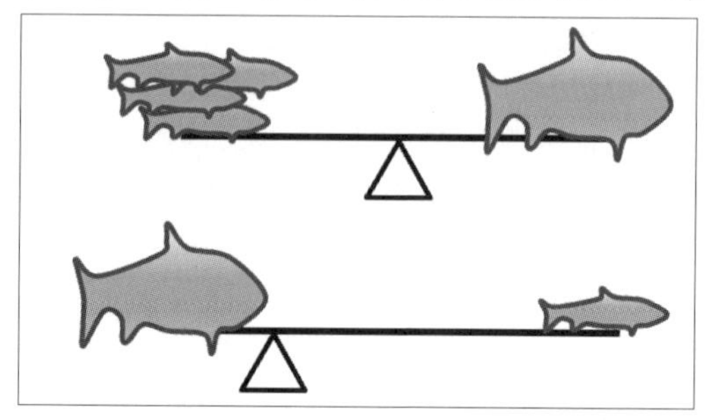

図3-1 「かたより」と「テコ」

「かたより」というのは、**図3-1**のような状態で説明することができます。

図の上は、左に4匹の魚があり、右には大きな魚が1匹です。その魚を板の上に載せて、真ん中に支点を置いた「つり合いが取れる状態」を「平衡(balance)」と言います。

これであると「魚4匹＝大きな魚1匹」となり、売り買いするのにも争いは起きずに納得できます。「数では違っても、量は同じ」ということですね。

ここで見方を変えて、「数は同じで釣り合う」ということを考えると、「支点をズラす」ということが出てきます。これは「モーメント(moment)」と呼び、「回転モーメントやトルク(torque)」ともいいます。力学と呼ばれるものの基本の1つです。

(左の重さ×支点までの距離)＝(右の重さ×支点までの距離)

＊

「でも、大きな魚1匹と小さな魚1匹が同じとは、なんか納得がしないがなぁ…」と王様は不機嫌そうにいいました。

「そうですわね。でも、もし、これが“金貨”と“銅貨”なら、どうでしょう？」

「ふむ、そうかぁ、希少ということじゃ、な？」

そうですわねと、姫はまた話を続けます。

＊

この支点を変える発想は、子供(小学生)が習う「重力、張力、浮力、弾性力」というのがありますが、その浮力と「テコの原理」は古代ギリシャの天文学者、数学者、物理学者で発明家のアルキメデス(Archimedes、紀元前287(?)－212年)の話が有名です。

シチリア島南東部にある都市シラクサ(Siracusa)を支配していたヒエロン2世が金塊を職人に渡し、これで神殿に捧げる「誓いの王冠」を作るように命じます。

そして、出来た王冠が本当に混じり物のない金で作られているのかをアルキメデスに命じて調べさせました。

このとき、アルキメデスは、王冠と同じ金を棒につるして平衡の状態にしたものを、水を入れた容器に入れることで、「金の密度」を「浮力」を使って測ったと言われています。

この「浮力」の発見のみならず、「テコの原理」を利用した戦で使われた「投石器」や「滑車」も発明します。希少なものを手に入れようとして、戦が起こったりもしてきました。

釣り合うというという「平衡」≠「平均」

となり、「平衡」は必ずしも「平等」(平均)という訳ではありません。

たとえば、Aという国の兵隊の隊長が年に金貨1000枚を得ていて、100人の兵士の給料が金貨10枚では、1000＝100×10＝1000ですが、これは平等と言えるのでしょうか？

これを単純に「平衡(ここでの平均)」という言葉で表わすのは、「何かが違う」と思いませんか。希少はときに「争いのもと」になることがあるのですね。

＊

嵐のような雲はすっかりなくなり、星が瞬きを始めたようです。

「ふむ、たしかに何かが違うような…」と王様は浮かない顔でいいました。

「それを測るためには、四分位数」という考え方が必要になってきますと、姫はあくびをこらえながら、「でも、その話は、また明晩…」といって寝間に入っていきました。

第4夜

基準と単位とかたよりを知る四分位数

「今宵は、“基準と単位と四分位数”と言う話をしましょう」

＊

数と量という「魔法」は、多くの人が群れをなして暮らす社会へ「魔法のランプ」のように便利な道具として灯をともしました。

人の身体の部分から長さを知る「単位」として「1キュビット（王様の腕の長さ）」を基準として生まれました。これが「人体基準」として広まっていったのです。それぞれの王様の腕の長さは、まったく同じという訳にはいきませんが、それでも、かなり長い間使われていた「基準」なのです。

この「人体基準」は「単位の統一」という動きによって大航海時代とともに15から17世紀にヨーロッパで起き、「地球基準」で捉えようという動きになっていきます。

長さの単位の基本である「メートル」は、イタリアの科学者のティト・リビオ・ブラッティーニ（Tito Livio Burattini、1617-1681）が著書の中で「metro cattolica（普遍的測定単位）」として古代ギリシャ語の「μέτρον καθολικόν（メトロン・カトリコン）」をもとに表わしました。これが、フランス語として1793年に「mètre」となり、英語の「metre」と言われています。「北極から赤道までの子午線の1000万分の1 = 1m」となったのです。

いわゆる大航海時代を経て、国と国の交易が始まったことによる「必要な道具」として生まれました。

また、現在では、

$$\frac{1}{299,792,458}\text{秒進んだ距離} = 1\text{m}$$

という「光速基準」が、「地球基準のメートル原器の経年変化などの問題」へ対応するために、1960年の国際度量衡総会（General Conference of Weights and Measures）でクリプトン86元素が真空中で放つ橙色の波長をもとに規定されました。

そして、こうした単位は、いくつも見直され、SI単位（国際単位系：フランス語；Système International d'unités）が2019年に準拠すべき最新の公式国際文書として第9版として改訂されています。SI単位には、「kg、m、s (秒)、A (アンペア)、K (熱、ケルビン)、mol (モル)、cd (カンデラ)」が特に重要な「7つの基本単位」と位置付けられています。

この「単位」という「基準」は「数や量の数値と掛け算によって構成」されています。

数値の「＋、－、×、÷ (四則演算)」をすることは子供のときから習いますが、意外ときちんとされていないのが、「単位の演算」です。

面積は「横×縦」で求めますが、その面積をある長さで割る際に、たとえば「100m^{2}を5mで割ると、もう1つの長さはいくらか？」という問題は、

$$\frac{100}{5}=20$$

と、多くの人が計算しますが、これでは、「考えるという力」は伸ばせません。

正しくは、

$$\frac{100\times m\times m}{5\times m}=20m$$

というように「考え方の途中経過を書く」クセをつけることが「魔法のランプ」を使うための方法です。つまり、単位も掛け算や割り算ができるのです。

「単位は“数値”と“積”によって出来ている」ことに気付くのが大切なのですね。

こうして、「基準と単位」は科学を進歩させるために大きな役割を担ってきました。

＊

次の話は、コメのライスに牛肉をかけた「牛丼」というのが、栄養をつける食事として作られています(もちろん、王様の時代にはまだ牛丼はありません)。

また、お金を扱う「経済」という世界では、よく「ハイリスク」とか「ローリスク」という言葉を見聞きします。ここで言う「リスク」は経済学で「危険率」のことです。

これは「箱ヒゲ図」を使うと視覚的にも理解が容易です。

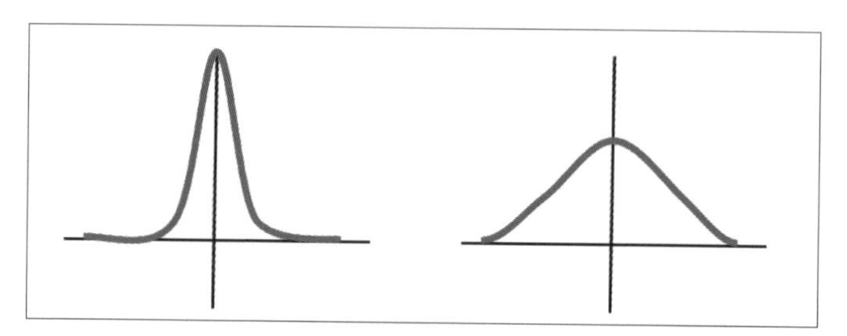

図4-1　左：ハイリスク「山が高く中腹が狭い」 右：ローリスク「山が低く中腹が広い」

Y家 牛丼並の肉の量：95g

	1回目	2回目	3回目	4回目	5回目	6回目	7回目
A	85	82	86	96	79	74	93
B	96	84	94	100	88	100	91
C	94	92	88	96	94	91	90
D	81	95	78	98	81	80	102
E	98	78	86	105	87	100	99
F	96	94	95	95	95	93	94

Y家 牛丼並の肉の量：90g

	1回目	2回目	3回目	4回目	5回目	6回目	7回目
A	85	82	86	96	79	74	93
B	96	84	94	100	88	100	91
C	94	92	88	96	94	91	90
D	81	95	78	98	81	80	102
E	98	78	86	105	87	100	99
F	96	94	95	95	95	93	94

被験者	実験盛付（g）
A	85
A	82
A	86
A	96
A	79
A	74
A	93
B	96
B	84
B	94
B	103
B	88
B	100
B	91
C	94

箱ヒゲ図（Box and whisker plots）縦軸：g ,横軸：被験者

図4-2　四分位数とExcelで四分位数を求める方法
（Excelで四分位数を求める場合は、縦列のデータを左下のように入れます）

「かたより」を理解することは、「平均」を正しく理解するために欠かせない考え方です。

このかたより（偏り）は、現在の「機械学習・AI」の基本的な仕組みを理解する上でも役に立つ考え方です。パターンを識別するAIには、この「かたより」が重要なのです。

「かたより」を捉えやすいものが「四分位数（しぶんいすう）」です。

そして、それを視覚的に把握する重要な部分は「箱ヒゲの箱の部分」です。この「箱」の大きさが、対象のデータの特徴を捉えているからです。

具体的な「四分位数の計算の仕方」を下の図に示しておきます。

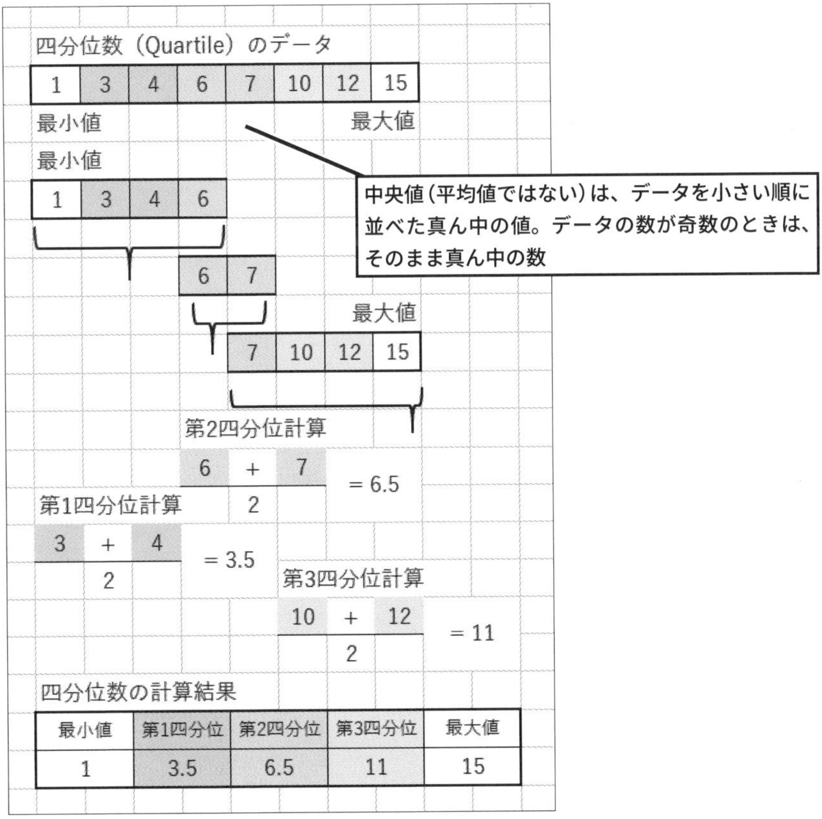

最小値	第1四分位	第2四分位	第3四分位	最大値
1	3.5	6.5	11	15

図4-3　四分位数の仕組み

図4-3は「ある牛丼を売っている店」のご飯の上に掛ける牛丼の量(g)です。その中の「EさんとFさん」という方の盛付を7回測った数値です。標準の牛肉の玉ねぎやタレの量を「95g」としましょう。

表4-1　EさんとFさんの盛付

	1回目	2回目	3回目	4回目	5回目	6回目	7回目
E	98	78	86	105	87	100	99
F	96	94	95	95	95	93	94

「Eさん」は、最小値が78gで、最大値が105gです。バラつきの幅は、27gです。
「Fさん」は、最小値が93gで、最大値が96gです。バラつきの幅は、3gです。

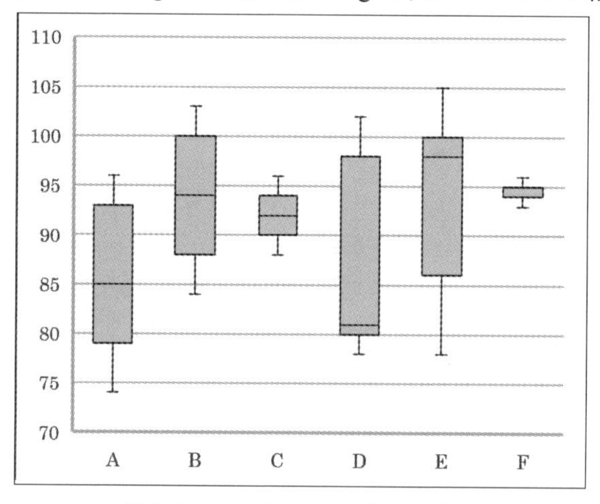

図4-4　EさんとFさんの盛付量の比較

もし、王様がこの店のオーナーであるとした場合、どちらの方に「料理長」を任せるでしょうか？

「店を任せるとすれば、Fさん」ではないでしょうか。食べる人もお店に来るたびに「量が違って、同じ値段」なら、「ちょっと…」となるのではないかと思います。
争いのもとになりますね。

このFさんのような状態が「ハイリスク・ハイリターン」です。そして、Eさんの方は「ローリスク・ローリターン」になります。

Ｅさんも Ｆさんも雇うとしたなら、「同じ報酬」という訳にはいきません。腕の良い料理人は「報酬は高い」のですが、とりあえず誰でもよいのなら「報酬は安い」になります。

高い腕をもつ料理長の所は、結局、お店の売上も伸びます。

料理長が誰でも良いのなら、Ｅさんのように「バラつき」があっても、それは王様の方針次第ということになります。ローリスク・ハイリターンはめったに起きないのです。

つまり「よいものへの投資は高いが、利益も大きい」ということです。

これが、「四分位数の箱ヒゲ図」であぶり出される「ばらつき」の本質的な意味です。

＊

「知るは、よろこびとともに明日を照らす魔法のランプ」ということなのじゃ、な。とひとり合点をした王様は、満足そうにベッドに入り、「また、明晩…」と言いました。

第5夜

分数と小数の出現

「今宵は、人々の暮らしを営む上で欠かせない「分数」(fraction)と「小数」(decimal)の話をしましょう」

こんなものがあるのですよと言って、姫は王様に何かが描いてあるものを見せました。

＊

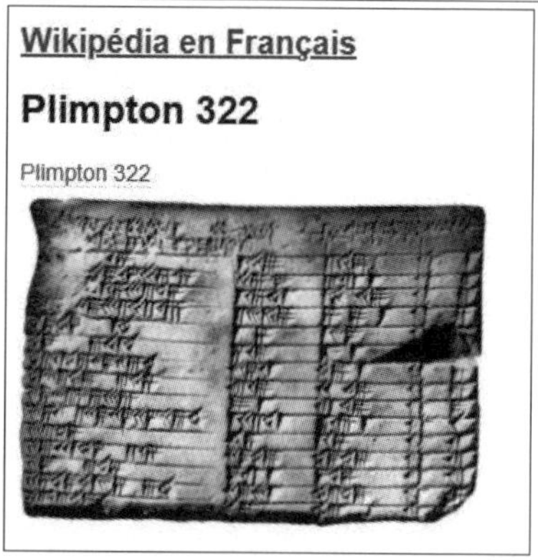

Wikipédia en Français

Plimpton 322

Plimpton 322

図5-1　プリンプトン322（出典：Wikipédia en Français、Plimpton 322）

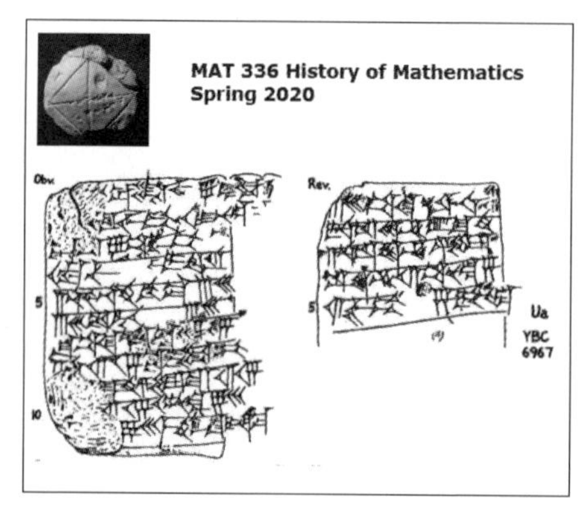

図5-2　YBC 6967；YBC＝Yale Babylonian Collectionの略）
（出典：http://www.math.stonybrook.edu/~tony/archive/336s20/documents/ybc6967.html）

最初の**図5-1**は「プリンプトン322」と呼ばれるもので粘土板に刻まれたものです。

これは出版業者であるジョージ・A・プリンプトン(G・A・Plimpton)が収集した322番目の粘土板にある紀元前1800年頃のバビロニアから発掘された約50万の粘土板のうち、数千のものが数に関する粘土板で、楔形文字によって描かれていました。これらは後にコロンビア大学に寄贈されました。

このプリンプトン322は4列15行にわたって描かれ、大きさは幅13cm×高さ9cm×厚さ2cmで「60進法」で記されています。発掘された場所は、古代バビロニアの都市のひとつのラルサ(Larsa:旧約聖書創世記第14章1節に登場するエラルサ(Ellasar))から出土されています。時代的には、ハンムラビ王がメソポタミア統一するシュメール時代からイシン・ラルサ時代と言われています。

バベルの塔の「言葉の混乱」

紀元前6世紀ごろに書かれた創世記第11章には、ノアの物語とアブラハム(イスラム教では、ノア、モーセ、イエス、ムハンマドと並ぶ五大預言者のひとり)の物語の前に「バベルの塔」が出てきます。

そこでは、

「…なるほど、彼らは一つの民で、同じ言葉を話している。この業は彼らの行いの始まりだが、おそらくこのこともやり遂げられないこともあるまい。それなら、我々は下って、彼らの言葉を乱してやろう。彼らが互いに相手の言葉を理解できなくなるように」。主はそこから全ての地に人を散らされたので。彼らは街づくりを取りやめた。その為に、この街はバベルと名付けられた。主がそこで、全地の言葉を乱し、そこから人を全地に散らされたからである。」

と、「言語の混乱」が記されています。

この頃を想像しながら、「プリンプトン322」を見ると、数学的な意味だけでなく考古学にも、バベルという言葉が出てきて興味が惹かれますね。

また、「プリンプトン322」の発掘地の近くから、**図5-2**の「YBC 6967」という粘土板も見つかりました。

この「YBC 7289」には、なんと驚くなかれ、「2の平方根の近似値」が、

$$1+\frac{24}{60}+\frac{51}{60^2}+\frac{10}{60^3}=1.41421296\ldots$$

と、解かれていたことが知られています。

実際には小数表記でなく文字表記ですが、初めて小数の考え方が登場したのです。

そして、正式な小数の発明はオランダのシモン・ステヴィン(Simon Stevin、1548-1620)が1585年に「十進分数法」の中で提唱したものです。

彼は、アルキメデスの原理を発展させベクトル合成の理論の「吊り合いの原理」を著しています。いわゆる、「力の平行四辺形の法則」を述べたものです。

また、イタリアの天文学者のガリレオ・ガリレイ(Galileo Galilei、1564-1642)は現代では「科学の父、天文学の父」と呼ばれていますが、鉛直方向に落下する物体の運動に関する理論で知られています。実は、ガリレオよりも早くシモン・ステヴィンが「落下の法則」を見出しています。

シモンの実際の小数表記は、

「0.123」➡「1①2②3③」

と、表記していました。「①」は小数第1位を表わしています。

「0.123」のような現代表記は、シモン・ステヴィンの20年ほど後にジョン・ネイピア(John Napier、1550-1617)によって使われ始めます。

ネイピアは、

$$x = 10^7\left(1 - \frac{1}{10^7}\right)^p$$

という「実数xに対して、この式を満たす実数pが唯一定まる」という発想のもとに「xとp」の計算表を作りました。

この7桁の対数表は、「ネイピアの対数」(Napierian Logarithm)として、1614年に発表しています。ネイピアは数学上、非常に重要なので後に詳しくお話しましょう。

こうした古代メソポタミアからバビロニア(現イラク南部)を中心として「バビロニア数学」としても知られるようになりました。

この数学を発展させたのは、天体の動き、時間の計測や季節の変化を探ることが暮らしには欠かせなくなるほど人の居住が盛んになってきていたということです。

具体的には、様々な計算の簡便化のために「分数」が生まれ、逆数、平方、立法、乗法（掛け算）などの数表も見つかっており、天体の観測だけでなく、遺産の相続、家畜の管理、土地の割り振りなどの他、紀元前25世紀頃のラガシュ（古代メソポタミアの都市の1つ）王のときには、世界最古の「複利計算」の記録まであります。

※ 室井和男、バビロニア数学研究ノート、数理解析研究所講究録、第1444巻、pp153-160、2005年

こうした、分数や他の算術の出現は、12進法の「ローマの分数」、1から10進法で増えていく数に対して単位分数として2/3を用いた「エジプトの分数」、や「ギリシャの分数」、それに，

$$2\frac{1}{3}$$

という分数表記の起源は「インドの分数」に起源が見いだされると「参考文献」の中で三重大学の上垣 渉氏が述べています。いわゆる「帯分数」（たいぶんすう）です。

また、その研究の中で、分数は「分割量分数（ある量に対する分割操作の結果得られた量を表現するための数）」と呼んで結んでいます。

＊

「分数というのは、確かにややこしい気がするが、人々の暮らしを円滑にするためには、欠かせない魔法の道具なのだろうな…」
と、王様は難しそうに考えていましたが、ついに睡魔には勝てず、
「そうか、そうか…」という間もなく寝入ってしまいました。

姉のそばで聞いていた妹は、目を輝かせ、こちらは当面寝そうにはなさそうです。

「数学というのは、変な金持ちの暇人が考えたものではなく、生活するうえで生まれてきたものなのですね」と、妹は姉に聞きました。

「そうよ。でもまた、明日の晩にお話をしましょうね」と姉は、いつものように優しく妹にいいました。

第6夜
大航海時代の到来とピタグラスとアルキメデス

「今宵は、いよいよ人々が大海原へ乗り出していく大航海時代について、お話しましょう」

＊

大航海時代という名称は「大航海時代叢書（岩波書店-上下-「アコスタ、新大陸自然文化史、1966年・訳書」）」の増田義郎（日本、文化人類学者、歴史学者、1928-2016）によって命名されました。

始まりは、1415年のポルトガルのセウタ（Ceuta：アフリカ大陸北岸の都市）攻略から始まり、クリストファー・コロンブス（Christopher Columbus、イタリアの探検家、1451頃-1506）らに知られるように15世紀から17世紀にかけてアフリカ・アジア・アメリカ大陸への航海が行われた時代を「大航海時代」とされています。

この航海を可能にするためには、天体観測、位置の特定などの測量の技術が不可欠になってきました。現在では、山の高さを測ったりする技術の基本には「三平方の定理」があります。今は、ピタゴラスの定理と呼ばれるものですが、次の図を見れば、式の意味が理解しやすくなります。

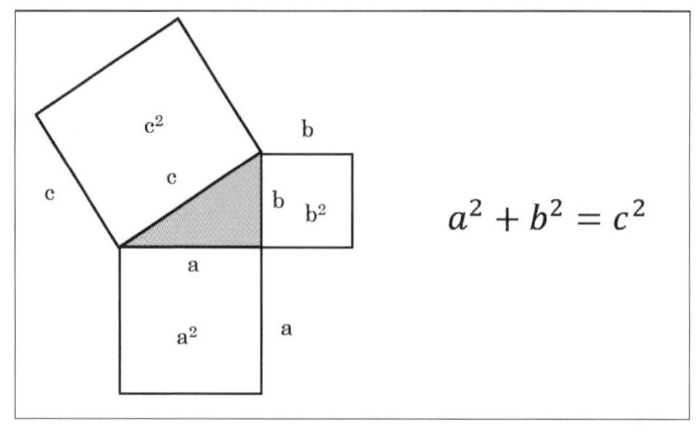

図6-1　三平方の定理

ただ、最古の定理はイラクの古バビロニア時代の粘土板に3辺の長さの比が「5:12:13」と「8:15:17」の直角三角形が刻まれていたことを豪ニューサウスウェールズ大学のダニエル・マンスフィールド (Daniel F.Mansfield) が1894年に発見したことが知られています。ピタゴラスよりも1000年早いものです。

さらに古くは、ギザのピラミッドの高さを比率によって求めたイオニアから発生したミレトス学派の始祖のタレス (Θαλῆς、紀元前624頃-紀元前546年頃)による「タレスの定理(半円に内接する角は直角)」はよく知られています。
いずれにしても、こうした「測る技術」に加え、大きな船の建造と浸水を防ぐ技術なども必要になってきました。

アルキメデスは「第3夜」でお話ししたように、古代ギリシャの天文学者、数学者、物理学者の発明家として知られています。神殿に捧げる「誓いの王冠」によって「アルキメデスの原理」は浮力を説明する上で欠かせない原理ですが、ヒエロン2世によって古代ギリシャ・ローマ時代の最大の巨大船「シュラコシア号」の建造を依頼されます。

この船は乗員600、庭園や神殿まで備えるというものですが、船が大きくなると浸水を防ぐ対策として考案されたものが「アルキメディアン・スクリュー (Archimedean screw)」という装置で溜まった水を掻き出す工夫をしたとされています。

数学のノーベル賞と言われる「フィールズ賞」はカナダの数学者「ジョン・チャールズ・フィールズ (John Charles Fields、1863-1932)」により提唱されて1936年にできた賞です。
4年に一度開催される「国際数学者会議 (ICM：International Congress of Mathematicians)」で40歳以下の数学者で2～4人を対象に選ばれます。
メダルの表には、アルキメデスの肖像とラテン語で「TRANSIRE SUUM PECTUS MUNDOQUE POTIRI (己を高め、世界を捉えよ)」が刻まれています。

裏面は、アルキメデスの業績をたたえた「円柱に刻まれたアルキメデスの球体と円柱」とラテン語で「Transire svvm pectvs mvndoqvepotiri (知識への注目に値する貢献を称えるために世界中から集まった数学者)」と刻まれています。

図6-2　フィールズ賞のメダル(IMU：International Mathematical Union)
(出典：https://www.mathunion.org/imu-awards/fields-medal)

日本人では、1954年受賞の小平邦彦(KODAIRA Kunihiko、1915-1997)の「調和積分論、二次元代数多様体の研究」。1970年受賞の広中平祐(HIRONAKA Heisuke、1931-)の「多様体上の特異点の解消の研究」。1990年受賞の森 重文(MORI Shigefumi、1951-)の「3次元代数多様体における極小モデルの存在証明」の3人が2020年までに受賞しています。

また、フィールズ賞に刻まれている「球と円柱」は、アルキメデスの墓標にも刻まれているもので「球と外接する円柱との体積と表面積の比は2:3」であるという大きな発見に因んでいます。

参考までに、アルキメデスの原理は、

$$F = -\rho V g$$

F：浮力[N]、ρ：水の密度[kg/ m^3]、V：水没している物体の体積[m^3]、g：重力加速度[m/ s^2]として表わされます。

しかし、このフィールズ賞にも唯一の例外が1998年に45歳で「特別賞」が、アンドリュー・ワイルズ(Andrew John Wiles、英、数学者、1953-)の「ピエール・ド・フェルマー(Pierre de Fermat、仏、裁判官・数学者、1607-1665)の最終定理(Fermer's Last Theorem)」の、

$x^n + y^n = z^n$ となる自然数の組 (x, y, z) は存在しない

というものです。

現在では、その業績から、当初は「フェルマー予想」であったものが「フェル

マー・ワイルズの定理」と呼ばれています。

また、フェルマー自身が証明した「$x^4 + y^4 = z^4$」では「ピタゴラス数：$x^2 + y^2 = z^2$ を満たす自然数の組(a,b,c)」を使って証明しています。

もう1つ、興味深い逸話であまり一般には知られていませんが、ワイルズの証明に貢献したのは「谷山・志村予想」の「すべての有理数体上に定義された楕円曲線はモジュラー(大きな群について対称性を持つ上半平面上の複素解析的函数)である」を証明することで、フェルマーの最終定理の証明に至っています。

近代になりますが、船の大型化に伴って、1912年に氷山に衝突して沈没したタイタニック号の悲劇は有名な史実ですが、当時は「不沈船」と呼ばれて建造されました。

水面(喫水線)上まで高さのある防水隔壁により16の区画を持ち、船首部では4区画まで浸水しても沈まないとされていましたが結局は沈んでしまいました。

日本では太平洋戦争のときの連合艦隊旗艦となった「戦艦大和」は、姉妹艦「武蔵」と並んで、多くの乗組員に「不沈艦」と信じられていたのは、**写真6-1**にあるように、船の側板、底板が二重構造になっていることよって、外側の側壁が壊れても、反対側に注水することで、船の傾きを取り戻す工夫がなされていたことによります。

写真6-1　戦艦大和の断面
(出典：https://hobbycom.jp/my/1970b2c1cf/photo/products/111753)

現在では、タンカーの油流出を防ぐために「二重船こく構造」が国際条約によって定められています。アルキメデスの原理にあるように水に没している体積が大きくなれば、残念ながら沈まざるをえないのです。

映画「タイタニック」の中の船の設計技師は「鉄でできている以上、沈む」と最後に語ったような気がします。

第7夜
4つの魔法のランプの1つ目「πの発見」

「今宵は、未来を明るく灯す4つの魔法のランプの1つ目が発見される話です」

＊

大航海時代だけでなく、多くの人が暮らす社会では「暦(こよみ・れき)」が必要になってきました。日本では、江戸時代の和算家(数学者)が1681年に暦を作成するために円周率が必要になって小数第16位まで算出しています。

この円周率「π」は、未来にとってなくてはならない非常に重要な役目を果たします。

円周率の「π」は現在では、円の計算をする上でなくてはならない存在ですが、歴史的には1936年にスーサ(Susa、イラン西南部、「目には目を、歯には歯を」のタリオ(同害報復の法)が描かれたハムラビ法典)で発見された粘土板から、古代バビロニアでは「円周と正六角形の周」から比べて、下のような式を使っていたとみられています。

$$3+\frac{1}{7}=3.142857148571\ldots$$

その後、πを計算によって求めた最初の人はアルキメデスで、紀元前3世紀頃に、いわゆる円の面積を求める式の

$$S=\pi r^2$$

S：面積、π：円周率、r：半径(r：radius)、参考までに(直径：d；diameter)

を使って、円周率に多角形を内接させる方法で「アルキメデスの正96角形」によって、

$$3+\frac{10}{71}<\pi<3+\frac{1}{7}$$

$$3.1408450704225\ldots<\pi<3.142857148571\ldots$$

を計算しています。実は、この「π」はNASAのロケットの惑星間航行システムでは小数第15位を丸めた、

3.141592653589793

を使っています。

この桁数を増やし過ぎない誤差は地球の円周を考えたときに「髪の毛1本の1万分の1の大きさ」ですが、「3.14」ではロケットは大きく軌道を外れてしまいます。

この「π」の語源は、周を意味するperimetros（ギリシャ語：περίμετρος（ペリメトロス））の頭文字から「π」を使っています。

＊

王様は、しばらくナツメヤシの横に無造作に置かれている金貨を手にとって、何度も見ながら、「ふ～む、こんな丸いものにもややこしい何かの法則があるというのか…」と、姫の顔を見ながらつぶやきました。

「えぇ、そうですわね。未来にはロケットという魔法の乗り物に乗って、あの星がある宇宙というところまで行って、無事に生きて帰ってこられるのも、こうした円周率πの発見のお陰なのですね」

そういって、姫は優しく王様の持つ丸い金貨をいつまでも眺めていました。

第8夜
2つ目と3つ目の魔法のランプ「ネイピア数e」と「虚数i」

大航海時代の到来とともに「大きな数の計算」が必要になってきました。

そこで「大きな数を簡単に計算するための工夫」と「数の種類」についてお話ししましょう。

「大きな数の計算と、数の種類…とな？」

「えぇ、量と0のお話は、もうしましたが、いろんなややこしい問題を解いて行くためには、大きな数の計算の工夫と数の種類を知っておく必要があるのです」

「ほほぉ〜、1つ目の魔法のランプ円周率の次のランプじゃの！？」

「そうですわ。2つ目と3つ目の魔法のランプです」

*

最初は、2つ目の魔法のランプの「ネイピア数のe」という話です。

ネイピア数の「e」は、ジョン・ネイピア（John Napier、スコットランド、数学者・物理学者・天文学者、1550-1617）が行った20年にも及ぶ研究は、

$$2^2 \times 2^3 = 2^{2+3} = 2^5 = 2\times2\times2\times2\times2 = 32$$

ですが、これは「$2^2 \times 2^3$」という掛け算を「2^{2+3}」という足し算でできるようにすれば、大きな数の計算が簡単にできるようになると考えて、「2^n」にこだわって研究を重ねていきます。

「e」はレオンハルト・オイラーのEulerの「e」、または「指数：Exponentialのe」を指します。

表8-1　2^nの計算表

n	…	0	1	2	3	4	5	6	…
2^n	…	1	2	4	8	16	32	64	…

上の計算表は、「2^2」×「2^3」なら、表の「n=5」のところを見れば、「2^5=32」というのが、すぐに分かります。

つまり、「4×8=32」というように、表の使い方さえ分かれば、大きな数の計算ができるようになります。言うなれば「ネイピア版の計算尺」ですね。

これにより大きな数の掛け算や割り算が短時間で精度よく計算できるようになりました。

ネイピアは、この「累乗（るいじょう）」に多くの時間を捧げ、「1000万以下の整数の掛け算の累乗の表（$10{,}000{,}000 = 10^7$）」を完成させました。

$$0.9999999^n$$

この「0.9999999^n」は、

$$\left(1-10^{-7}\right)^n$$

になります。

現在でも使われている「複利計算」によって、「ネイピア数のe」の正体が分かります。

表8-2　2^nの計算表

n	$(1+1/n)^n$
1	2.0000000
2	2.2500000
3	2.3703704
10	2.5937425
100	2.7048138
1000	2.7169239
10000	2.7181459
100000	2.7182682
1000000	2.7182805
10000000	2.7182817

nの数をどんどん大きく（$n\to\infty$）すると、表の右側は「e = 2.71828 18284 59045 23536 02874 71352…」というように、「無理数の超越数（循環しない無限

小数）」に至ります。

　これが、「ネイピア数e」の正体です。現在では、自然対数の「底（てい）」で、数学定数の1つとして、なくてはならない存在になっています。

＊

「ふ〜む、わしには、どうもその魔法のランプとやらは、ちっとも見る事も手にとることもできんのじゃな…」

「そうですわね。魔法のランプそのものは見えませんし、手にとることもできません。だけど、この魔法のランプのおかげで、王様が遠い異国の地に大きな船で行けるようになったのも、この魔法のランプたちが生み出した奇跡のおかげなのですよ」

　では、「数の種類と虚数」というお話をしましょう。

＊

　数は、いくつかに分けるとすると、大本は「複素数」から始まります。

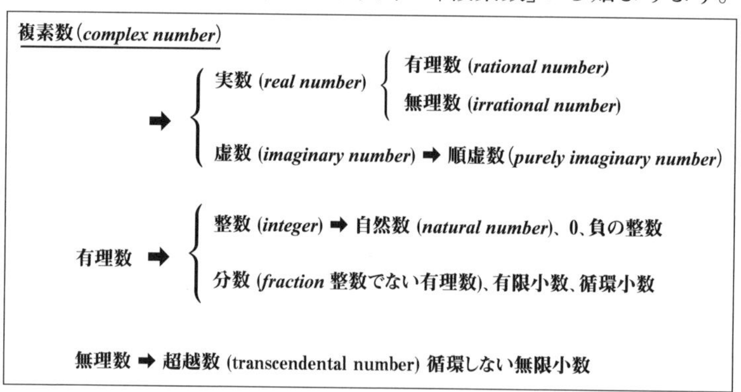

図8-1　数の種類

　大本の「複素数」は、アレキサンドリアのヘロンの「測量術」から、その芽となる兆候が見いだされますが、このときは失敗に終わります。

　その後、ルネ・デカルト（René Descartes、仏、近代哲学の祖、哲学者・数学者、1596-1650）によって「虚（imaginary）」という言葉が用いられますが虚数に対しては否定的でした。

複素平面として世の中に出たのは、1797年にノルウェーの数学者のカスパ・ベッセル(Casper Wessel)の論文が最初ですが、広くは、1799年にカール・フリードリヒ・ガウス(Carolus Fridericus Gauss；ラテン語表記、独、数学者・天文学者・物理学者、1777-1855)によって提出された学位論文によって代数学の基本定理として証明しています。

後に、振動や波動という物理現象を解いて行くためには重要な考え方になるのが、この複素数です。

複素数を「z」として、「xとy」を実数としたときに、

$$z = x + iy$$

を「複素平面」と呼び、「x」は「zの実部」、「y」は「zの虚部」と言います。そして、「I」を虚数と呼んでいます。

この「x+iy」を「複素数」と呼び、「実部」と「虚部」があることで、すべての数の種類を網羅できるようになります。

また、この複素平面は、ガウスに因んで「ガウス平面」とも呼びます。1989年からユーロに切り替わる2001年までに10マルク紙幣にはガウスの肖像と正規分布曲線が印刷されていました。

さて、「虚数i」は次のように考えると、とても分かりやすいです。

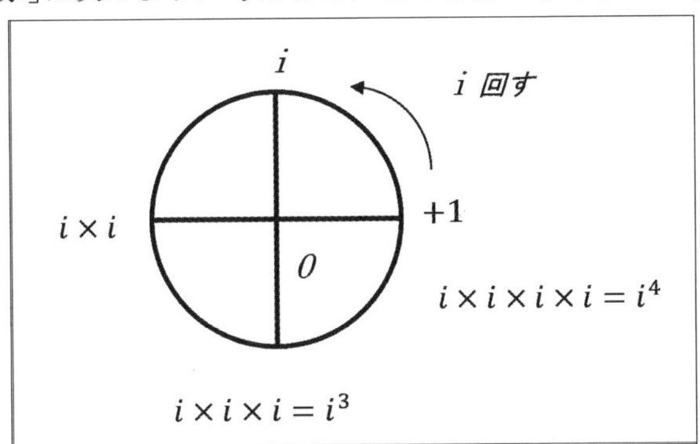

図8-2　虚数 i

この虚数は、デカルトによって1637年に複素数の虚部の「i」を「想像上の数(nombre imaginary)」として名付けたことに由来します。

そして、この想像上の数の名称を「虚数」と訳したのは、1873年の中国数学書の「代数術」で記されました。日本では、1885年に東京数学物理学会が「虚数(Impossible or Imaginary Quantity)」と訳しています。

*

一見してたいしたこともなさそうに見えますが、この「虚数i」は三角関数の一般解の円を半時計まわりに90°回すことで、円の反対側の「-1」になるようになっているのです。

これが、後にとてつもなく役に立つ「世界一美しい方程式」を完成させるのです。

*

「ふ〜む、なんだかキツネに摘ままれたような気がするような…」

そう言うと王様は、なんとなく満足した顔でいびきをかき始めました。

第9夜

Logという魔法の道具

「今宵は、昨夜の魔法のランプから生み出されたLogという魔法の道具についてお話しましょう」

王様は、昨夜の話で「ネイピア数のe」と「虚数i」という奇妙なものがでてきて、どうやら少々不眠症に陥っているようです。

やっと星降る満天の夜がやってきました。彼女は王様のところに入ってくるなり、昨夜の話から「ログ」という新しい考え方が生まれ、それは正しくは、「ロガリズム(Logarithm)」というのですと話しを始めました。

*

このログ(Log)というのは、ギリシャ語の「Logos」(比)と「arithmos」(数)に語源をもち、1614年にネイピア(John Napier)によって20年間計算を続けていた7桁の数の対数表を作成して発表したときに作られた造語でした。

彼は、このLogだけでなく小数点の発案も行なっています。このLogの発案は、掛け算を足し算に、割り算を引き算にできるという執念的な着想から生まれていて、天文学的な膨大な計算を容易に行えるようにと工夫されて生まれたものです。

ネイピアの執念は、「ネイピアの骨(Napier's bones)」という計算道具として複雑な掛け算が足し算でできる道具として開花します。それは後にイギリスのヘンリー・ブリックス(Henry Briggs、英、数学者、1561-1630)との議論で近代Logという概念が確立されていきます。

ここで突然、数式か現れますが、「ふむふむ」くらいの感じで聞き流して下さい。

$$x = a^y$$

$$y = \log_a x$$

上の式では、「a：底(てい：basa)」と呼びます。

この式で、「y」は「底をaとするxの対数」と呼び、対数 $\log_a x$ に対する「x」は真数と呼んでいます

この対数は、現在ではさまざまな分野、領域で使われていますが、特に自然科学分野では、「生物多様性」(biodiversity)という重要なキーワードが生まれています。

「生物多様性」とは、1985年のアメリカ合衆国研究協議会(NRC：National Research Council)の生物学的多様性フォーラムでW.G.ローゼン(Walter G Rosen、全米科学アカデミー、生態学者)により提唱された造語です。

これは、「人の多様性」にも関わり、地球環境という視点からも重要な考え方となっています。

種の豊富さを示す指標として、「シンプソン指数」(Simpson index)や「シャノン指数」(Shannon index)の他に、「アルファ多様性」(生物の分類群による方法)、「ベータ多様性」(複数の生態系の特有な分類による方法)、「ガンマ多様性」(異なった生態系による方法)などがありますが、次の式が「生物多様性」のモデルとしてよく知られている「生物多様性指数」というものです。

$$H' = -\sum_{i=1}^{S} P_i \log_2 P_i = -\sum_{i=1}^{S} \frac{n_i}{N} \log_2 \frac{n_i}{N} \qquad (0 \le H')$$

S,種数 ,n_i ,i番目の種の個体数 ,N ,全個体数

ある全体を「N」(Number)とします。

これは、ケーキを作るときの最終的な皿に乗ったケーキのことです。

さらに、ケーキをいくつかに切り分けたとき、そのうちの1つを「n」とします。

切り分けた数が8つなら、「n_1」から「n_8」までになります。

1個、2個、3個…のように、整数の数で数えられる場合は「i」という記号を付けます。

一般的に、「i、j、k、l、m、n」の6つを「1個、2個…」などの整数の場合に使います。

その他のアルファベットは小数を含む実数の場合の数を示す記号としてコンピュータのプログラム言語のFortranが作られたときの約束事で本格的に登場しました。

式のPは、「Probably」(たぶん、おそらく)から取っており、これは「Yes」か「No」か、どちらか1つの解答としたときの確率(probability)を表わします。

訳の分からない何かを表わすときは、ギリシャ神話の神々に敬意を表して、ギリシャ語を使うのが数学のルールになっていますが、「Σ」(シグマ)は、ギリシャ語の「Summation」(総和)から取っていて、「全部の合計」(この場合はケーキ全体)という意味になります。

*

「log」(ログ)という言葉は、高校時代に学習する「2^2」などといった指数の親類ですが、ほとんどの方は「とにかくこういうもの」ということで、やみくもに覚えてしまいます。

これは、logが生まれた歴史を知れば、そう恐ろしいものではなくなります。

「log」はネイピアによって定義された指数を計算するときのもう1つ道具として生まれたことはすでに話しました。

たとえば、1億は「10^8」で、これをもし掛けたり、割ったりといった計算をしようとすると、気を失うほどの大きな数です。
そこで、それらの大きな数の計算を便利にしようとネイピアは考え、logという概念を新しく導入しました。

たとえば、$x=\log 10^8$という式があった場合、$x=8\log 10$とすることができ、log10は「1」なので、x=8というようにとても簡単に計算することができます。
logは計算上の道具なので最終的にもとの指数から見慣れた数字に戻せばよいということなります。

もう1つlogの右下に「2」というのがあります。これは「ネイピア数」(底(てい))と呼ばれ、「全体をどういう目で見るか」を表わします。
「Yes」or「No」であれば「2つ」なので、底は“2”になります。

つまり、底は2つの何かで見ようということで、「出現するのか」「しないのか」という「2」が使われているのではないかということです。

周波数

実社会で対数が使われている例として、「音」があります。
音は周波数という単位で観測し、対数スケールを使うことがあります。
1000は10^3なので、10という目で見ようということで底に10を使い、「log10」という表示になっています。
ちなみに、音を表わす単位である「デシベル：dB」の「d」は、ラテン語の「decimus：1/10」を指しています。

このようにしてみると、最初の恐ろしげな式は、「とても大きなケーキ全体」(N)の中に、あなたが食べる「小さなイチゴ」(n)が出現するのかどうか、というのを式にしたもので、「最終的にイチゴはどれだけ食べられるのか？」を式として表わしているのです。

先ほど例に出した「生物多様性」は、生物などの多様性を判断するときの指数ですが、他の分野では、「エントロピー」(ある範囲にどれだけ情報があるのかという量を示す概念)におけるシャノンの情報量(log 1/P)と同じ考え方です。

いろいろな式にはこのように、少々恐ろしげでもじっと目をこらすとなかなか可愛いらしくわくわくするものです。

*

ところで、正方形の一辺を2とした場合、面積は2×2=4になります。

立方体の一辺をやはり2とした場合、体積は2×2×2=8になります。正方形などの平面的なものを2次元といいます。立方体などの立体のものを3次元と呼びます。一本の線は1次元です。

これに「log」を使ってみましょう。まず平面です。

2×2=4は「2」という一辺のメガネで見たときに全部で4になるものは何か?というように考えてみます。logを使いますと、これは、下のように表現することができます。

$$\frac{\log 4}{\log 2} = \frac{\log 2^2}{\log 2} = \frac{2\log 2}{\log 2} = 2$$

次に2×2×2=8は「2」という一辺のメガネで見たときに全部で8になるものは「何か?」というように考えてみます。logを使いますと、これも次のようになります。

$$\frac{\log 8}{\log 2} = \frac{\log 2^3}{\log 2} = \frac{3\log 2}{\log 2} = 3$$

最初の式も後の式もあるものとしたときに出てきた数の「2」と「3」です。

このあるものとは前者は「2次元」で後者は「3次元」の次元の数です。

次の図を見て下さい。

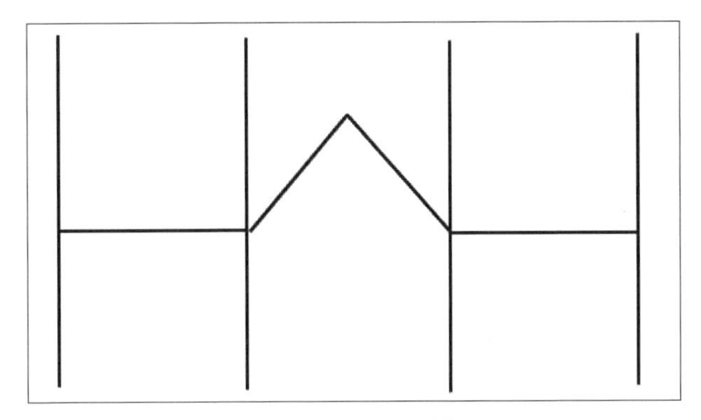

図9-1　コッホ(Koch)曲線

ある長さをもったものをひとつのメガネで見ようと考えたとき「3つ」のメガネのタテの線によってみようとします。この3つのタテ線の中には全部で4つの線があります。

これを先ほどのlogという考え方で見てみましょう。

$$\frac{\log 4}{\log 3}=\frac{\log 2^3}{\log 3}=\frac{2\log 2}{\log 3}=1.2618\cdot\ \cdot$$

という形になりました。

これはコッホ曲線(Koch curve)と呼ばれるものですが最初の「2次元」、次の「3次元」という考え方と同じとした場合、上の式では「1.2618次元」というものになります。

ややこしいのが出てきましたが、これは「小数次元」(decimal dimension)と呼ばれるものです。1次元のまっすぐな直線と2次元の平面の間にあります。直線よりは複雑だけど、平面よりはもっと単純のようだと見ることができます。

先ほど出てきた「1.26・・次元」というのは、フラクタル次元(Fractal次元)と呼ばれるもので、現在では様々な科学の最先端技術のひとつになっています。

この話は、また別の晩にお話ししましょう。

第10夜
運動という仕組みをつかむプリンキピアと微分・積分

今宵は、運動の仕組みの基本にかかわる重要なプリンキピアについてお話ししましょう。

＊

プリンキピア(またはプリンシピア)は、アイザック・ニュートンによって著されたニュートン力学体系の解説書として知られています。

主に、運動の法則・天体運動・万有引力について記されており、ニュートン自身はこのニュートン力学の確立や微積分法の発見で知られています。

プリンキピアでは、紀元前3世紀頃の古代エジプト・アレクサンドリアの数学者ユークリッド(古代エジプト)の「(数学書)原論」(Elements)に基づいて展開しています。

興味深いのは、ニュートンは微分積分を極力使わず、「ユークリッド幾何学」にこだわって執筆したため、非常に難解になってしまっていると言われています。

＊

ここで急に、「微分・積分」が出てきて恐縮ですが、「ある距離(x)を時間(t)だけ運動(移動)したときの速度(v)の関係はどのように表現するか？」という問題を考えてみましょう。

時間に関わる距離は「x(t)」で、この変換の状態は「dx(t)」という変化の状態を表す微分の「d」を用いて表現できます。同じように、時間の変化は「dt」で示せます。

これに対して、速度「v」の時間変化は、「vt」ということになります。

この「変化の状態」を、全体の中で表わすのには「微分表記」を用います。

全体(いわゆる分母に当たる部分)とその対象(いわゆる分子に当たる部分)によって、

$$\frac{dx(t)}{dt} = vt$$

と表記できます。これが実は「微分方程式」と呼ばれるものです。

この表記は未知の関数として表していますが、この「(微分方程式の)解」を求めるには「積分」を使うことで、高等学校の計算で簡単に求めることができます。

$$\int \frac{dx(t)}{dt} dt = \int vtdt$$

$$\int dx(t) = \frac{1}{2}vt^2$$

$$x(t) = \frac{1}{2}vt^2 + C \qquad (C\text{は積分定数})$$

と、微分方程式を展開できます。

「速度と時間を入れれば、どれだけの距離を運動(移動)したのか」が分かります。

このように微分と積分は切ってもきれない兄弟のような関係にありますが、この微分積分を使わないで運動の程式を解くのは難解化が否めませんね。

運動の仕組みを知るためには、微分積分はとても便利な道具なのです。

また、ニュートンの第二法則は「ニュートンの運動方程式」と呼ばれていますが、実際は、1749年にレオンハルト・オイラー(Leonhard Euler、スイス、数学者・天文学者、1707-1783)の「天体の運動一般に関する研究」によって運動方程式が示されています。

$$\frac{d(mv)}{dt}(t) = F(t) \qquad (F\text{: 力, m : 質量})$$

と表現すると、「速度に速度が加わる➡加速度」として示すことができます。

ニュートンの偉業は大きな影響力をもちましたが、どうしてユークリッド幾何学にこだわり、当時の微分・積分表記を用いなかったのかは、ゴットフリート・ライプニッツ(Gottfried Wilhelm Leibniz、独、哲学者・数学者、1646-1716)との表記上の問題で争っていたとの推測があるようです。
しかしながら、現在の微分・積分表記はライプニッツの功績によるところが多いと言われています。

---

*

何度か、とてもややこしい呪文のような記号が出てきたが…と、王様はぽつりとつぶやきました。
姫は、だから魔法のランプから出てきたものなのですねと、微笑み、王様は、魔法のキツネにつままれたようにため息をつきました。

今夜も満天の星たちがおしゃべりでもしているのか、どことなくざわついているようです。

第11夜 ケプラーと引力とフィギュアスケート

昨夜は、「運動」について話したので、次は「引力」の話をしましょう。

*

天体を観測する学問では、古代ローマのクラウディオス・プトレマイオス(83年頃-168年頃)はアレクサンドリア(エジプト)で活躍した学者です。
彼の功績としてもっとも有名なものは、「円運動の組み合わせで天体の運動を説明する天動説」で知られています。
これに対して、後にニコラウス・コペルニクス(473-1543)は千年以上も不動であった天動説を覆し、「(太陽を中心に回る)地動説」を唱えました。

この「地動説」をさらに推し進めたのがヨハネス・ケプラー(1571-1630)ですが、天体の運動を理論的に解明した業績は大きいものがあります。

ケプラーは、「惑星は太陽をひとつの焦点として楕円軌道で公転(第1法則)」「惑星と太陽を結ぶ線が一定時間に描く面積は同じ(第2法則)」「惑星の公転周期の2乗は軌道長半径の3乗に比例(第3法則)」の3つの法則を提唱しました。
つまり、「太陽と惑星の間には、磁力のような力が存在する」ということを知っていたということです。これは、後にアイザック・ニュートンによって「万有引力」であると示されました。

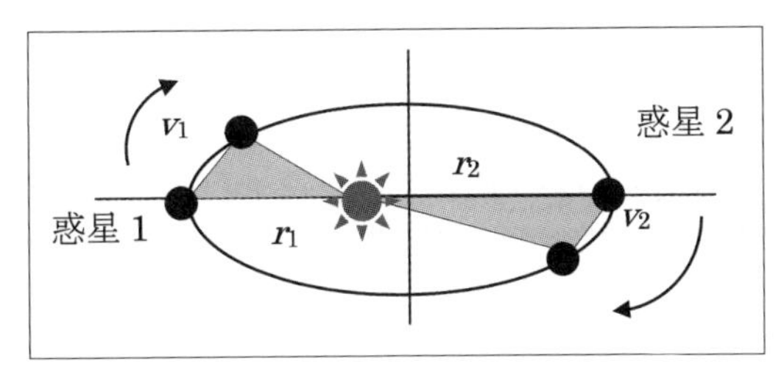

図11-1　ケプラーの第２法則（面積・速度一定の法則）

図11-1は太陽を中心に惑星が楕円軌道で運動する様子を図示したものです。

このとき、ある点から軌道に沿って速度vで移動し任意の点までの距離をrとした場合に、「惑星１」と「惑星2」の間にある扇形の面積を三角形で近似すると、

$$S\,(\text{面積}) \fallingdotseq \frac{1}{2}r_1v_1 = \frac{1}{2}r_2v_2$$

というように「1/2×底辺×高さ＝三角形の面積」になります（≅は近似値）。

つまり、面積が一定であれば、同一時間運動したものは、いつも「面積一定の法則」が成り立つことを意味しています。

これは「角運動量保存則」というものですが、言い換えれば、「天体の間には引力が中心力」を表しているということを語っています。

＊

フィギュアスケートの選手が、回転をする演技で、手をだんだん体に寄せていくと、「回転速度が速くなる」というのは、実は、ケプラーの第2法則の「角運動量保存則」によって実現しているのです。

意外と身近な所で、いかにも難しいと思われる「角運動量保存則（ケプラーの第2法則）」が使われているのですね。

魔法のランプは、いろんなところで目に見えなくても灯をともしているのです。

第12夜
メビウスの帯とケーニヒスベルクの橋の話

運動について2夜続けて話しましたので、今宵は、形を連続変形する不思議な「メビウスの帯とケーニヒスベルクの7つの橋」について話しましょう

＊

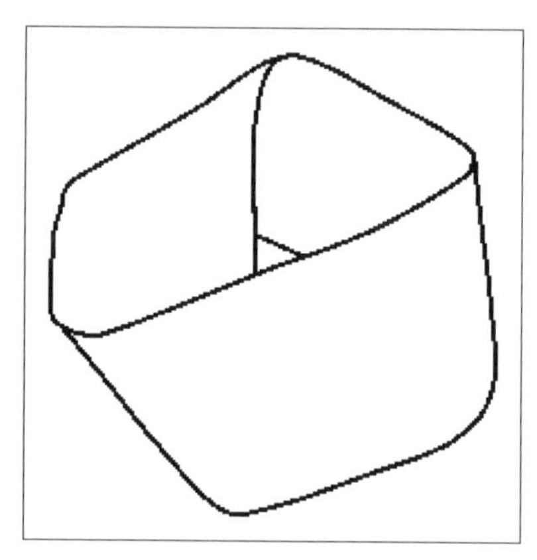

図12-1　メビウスの帯(表と裏がくっついたメビウスの輪)

メビウスの帯(Möbius band、またはメビウスの輪)は**図12-1**のように、長い帯状のものを「一度ひねって結合させたもの」で位相幾何学(topology：トポロジー)の空間・次元・変換を扱う領域を形成しています。

メビウスの帯はアウグスト・フェルディナント・メビウス(August Ferdinand Möbius、独、数学者・理論天文学者、1790-1868)によって発見されたものですが、「0を除く、自然数では、メビウス関数はすべての自然数nについて、素因数分解したものは-1、0、1をとる」という数論においての重要な関数として知られています。

また、位相幾何学は17世紀のゴットフリート・ライプニッツまでさかのぼり、特にレオンハルト・オイラーの「ケーニヒスベルクの7つの橋」問題が多面体公式の最初の定理であると言われています。

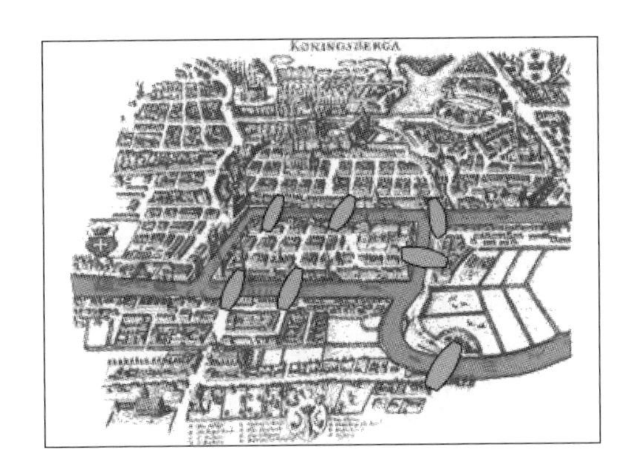

図12-2　ケーニヒスベルクの7つの橋(出典：Wikipedia 一筆書き)

いわゆる「一筆書き」で「橋を1回だけ通ってすべてに行けるか」という問題です。

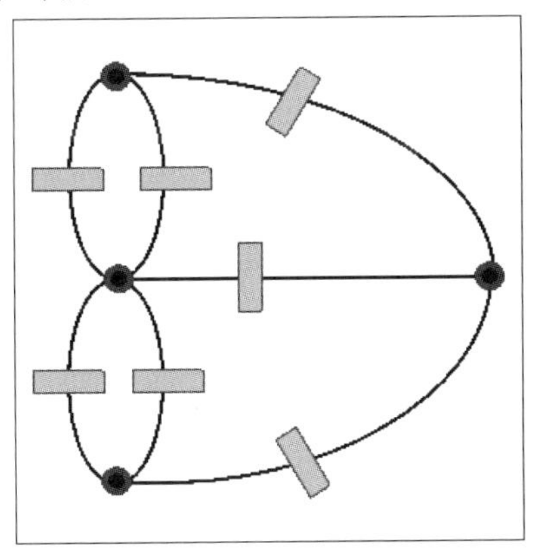

図12-3　ケーニヒスベルクの7つの橋をオイラーの一筆書きの定理で表すと

オイラーは図のようなグラフの点を「頂点」として、頂点を結ぶ線のことを「辺」と呼び、この1つの頂点につながっている辺の数を「次数」と呼びました。

オイラーの一筆書きの定理は、つぎのいずれかを満たすときに「一筆書きが可能」というものです(**図12-1**の地図の川と橋をひとつのグラフとして表記したところがミソです)。

・頂点の次数は偶数
・頂点の次数が奇数で、その他のすべての頂点の次数が偶数

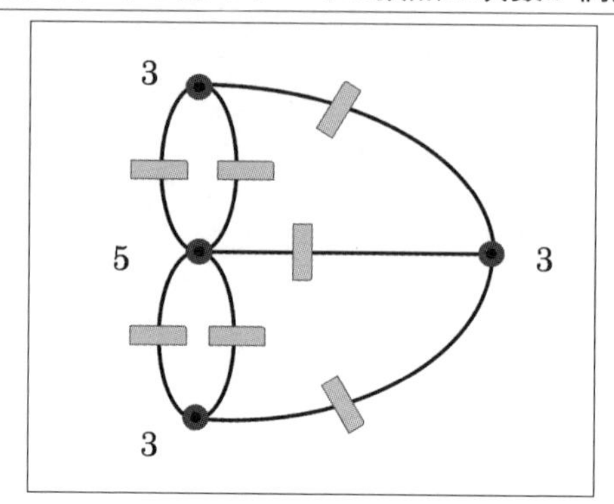

図12-4　ケーニヒスベルクの7つの橋の一筆書きの定理での頂点の次数

上の図のように、「頂点の次数は偶数ではない」になりますので、「7つの橋を1回だけ通って回ることはできない」というのが「解」になります。

このようにメビウスの帯などで知られる「位相幾何学」は数論だけでなく、様々な分野へも大きな影響を与え続けています。

＊

「ほほぉ〜、これは戦で使える魔法じゃな」
王様が言うと、姫は、少し悲しい顔をして、「戦ではなく、商いに使えば、民が喜ぶのではないでしょうか」

そう言って、姫は王様の顔を見ました。王様は、姫が争い事を嫌っていることを知っていたので、「そうじゃ、そうじゃ。姫の言う通りじゃ」と、姫の機嫌を取るようになだめながらあわてて言いました。
実は王様も戦争が嫌いであることは、姫もよく知っていたのです。

いつも厳しそうな顔には、どこか寂し気な様子があることを知っていて、王様は本当はとても優しい人なのではないかと思い始めてきています。

第13夜
良い成果は努力しだいという中心極限定理

確率論では、コイン投げを膨大に繰り返すと、表が出る確率が1/2にどんどん近づいていきます。

これが「大数の法則」(Law of Large Number)と呼ばれる「極限定理」の1つです。

今宵は、この極限定理の中でも重要な「中心極限定理」の話をしましょう。

＊

極限定理を発展させたものが「中心極限定理」です。

この「中心極限定理」を理解するには、「ダーツ」(投げ矢)の練習が適しているので、それを紹介しましょう。

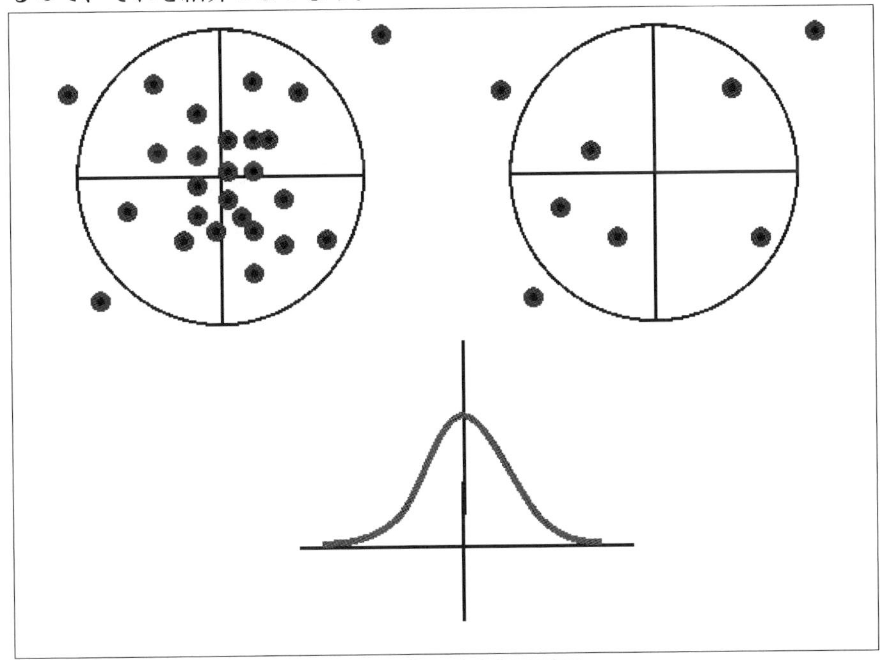

図13-1　ダーツと中心極限定理

図の左側部分は、「ダーツ(投げ矢)」を複数回行なったものです。

これに対して右側の図は、10回、100回、1000回というように何回も投げ続けると、「的(まと)」の中央に、矢の跡が次第に集まっていきます。

図13-1の右下のように「的」を横から見て、当たった所を積み上げると、中央部が高くなり山が一様化します。この現象が「中心極限定理」です。

＊

中心極限定理をさらに理解するために、知っておいた方が良いのが、「正規分布(Gauss分布)」と「二項分布・ポアソン(Poisson)分布」です。

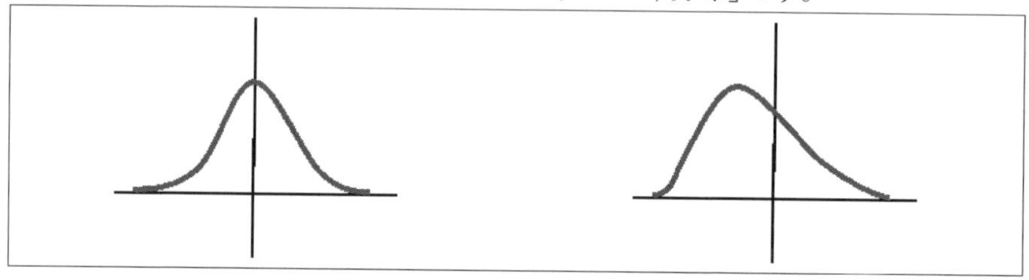

図13-2　左：「正規分布(Gauss分布)」　右：「二項分布とPoisson分布」

統計学では必須の基礎事項として、まず「母集団」(あるデータの集合体)があります。

そして連続変数の分布を「正規分布」(Normal distribution or Gaussian distribution)でデータが平均値周辺に集積される分布を「連続確率分布」と呼びます。

これに対して、ある範囲(時間)内で起こる現象・事象を捉えるためによく使われるのが「離散確率分布」です。

ある事象が「起こった/起こらなかった」という2つの試行を繰り返す「ベルヌーイ試行」(Bernoulli trial)をn回行なう「二項分布」(Binomial distribution)という離散確率分布があります。

この二項分布を「ある範囲(期間)内で平均λ回起こる事象のときに見せる分布」が「ポアソン(Poisson)分布」と呼ばれるものです。

試行回数が少ないほど、**図13-2**の右のようにグラフの頂点に「偏り」が起きます。

さまざまな「現象・事象」を説明するために、起き得た確率を表す重要な指標と言えます。

実際の社会現象では、株価の変動などのように、すべてが「正規分布」に従うのではなく、ポアソン分布のように、「偏った傾向」をもつものが少なくありません。

たとえば、国や民族や意見の対立などは、この「山の偏り」によって引き起こされることがあります。

つまり「数が多くなると中心極限定理のように一様化」していきますが、あ点（あるいはある境界）を境に、異なる母集団（群）が発生します。いわゆる「多様化」です。
どちらが良いという答えはありませんが、これらの「変化（変動）」の要因がどのようなメカニズムをもっているのかを知ることはさまざまな思考を巡らせるには必要なことです。

何度も演習を繰り返せば、努力次第で「良い成果」はついてくるということなのでしょうね。努力が報われることはうれしいものです。

＊

「そのとおりじゃ」

王様は、いつになく機嫌がよい返事をしました。最初の頃から、だいぶ変わってきたのでしょうか…。
いや、もともと優しく明るい性格だったのではないかと、今夜もお話しのあとで妹のドニアザードとも、ひそひそとそんな話をしました。
王様は、機嫌よく姫と妹の顔を見ながら、妹にも葡萄の酒の杯を渡しました。

姫は、こうした毎夜の話しも中心極限定理に従うのかしらと、ふとおかしさがこみあげてきました。昼間の熱かった風も、どこなくすまし顔で涼やかな晩のことでした。

第14夜

変化を探る波の４つ目の魔法のランプ

いままで、「希少」や「かたより」、そして「運動」という話をしてきました。

これらは「数」（数学）という「メガネ」で捉えることでさまざまなものに応用ができるということが分かってきました。

今宵は、4つ目の魔法のランプとなる「変化を探る波」の話をしましょう。

＊

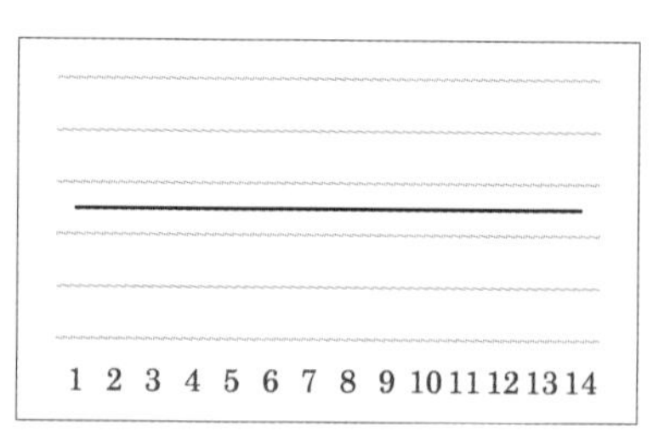

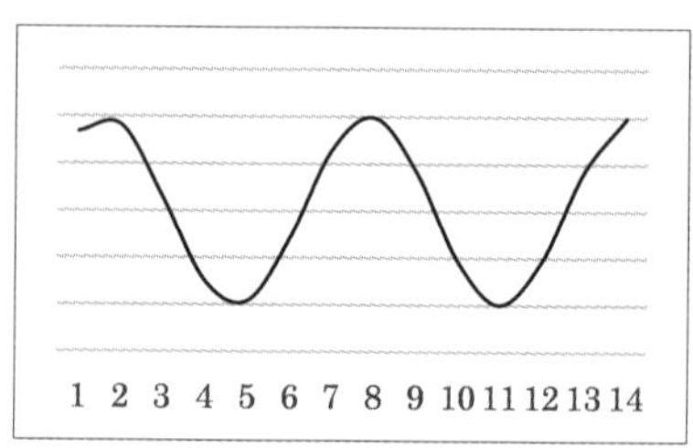

図14-1　ある状態　上：抵抗なし　下：抵抗あり

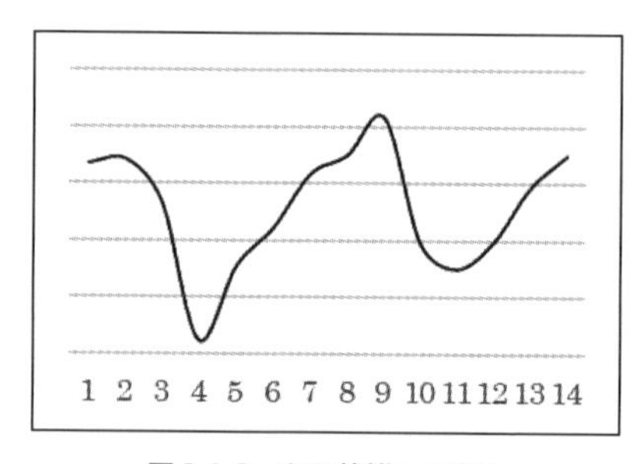

図14-2　ある状態への変化

図14-1の上図は「何の変化もない直線状態」で、下図は「波の状態」です。波は「山から次の山、あるいは谷から次の谷まで」を「周期」といいます。グラフのヨコ軸（時間、期間）で表します。

これに対して、ある時間を「1」として「2回の周期（T）」を持つ場合は、「1/2」として表すことができますが、これを「f: 周波数（Hz：ヘルツ）」として表します。この場合、

$$f = \frac{1}{T} \rightarrow f = \frac{1}{2}$$

図14-1の下図は「何の変化もない状態（いわゆる無反応）」と「一定の変化を持つ状態」を表しており、**図14-2**では、「一定の変化をもつ状態に、さらに何らかの変化（刺激）が加わった状態」でした。

それは、何らかの外力（ストレスや喜びなど）が加わったということを示したものです。

人の感情を計測する方法に「脳波測定」という手法があります。これは下に記載しているように周波数（f）の状態によって、「α 波から γ 波」まであります。

δ波帯域$0.5 \leq f < 4\,Hz$	徐波	深い睡眠時状態
θ波帯域$4 \leq f < 8\,Hz$	徐波	浅い睡眠時状態
α波帯域$8 \leq f < 13\,Hz$.		リラックス状態
β波帯域$13 \leq f < 30\,Hz$.	速波	通常の起きているときの状態
γ波帯域　$f \leq 30\,Hz$	速波	イライラしているときの状態

三角関数

余談ですが、山谷の変化を表記する「三角関数(sin・cos・tan)」はいつ誰によって体系化されたのでしょうか。

古代ギリシャで紀元前2千年頃に天文学や測量術のために「三角法」というのがもとになっていったと多くの文献・Web等で記されています。エジプト数学、バビロニア数学頃から三角法の研究が行われ、関数化へはヘレニズム数学、インドの天文学、イスラム数学、そして現代的な表記法は、17世紀のアイザック・ニュートン、ジェームズ・スターリング(James Stirling、英、数学者、1692-1770)、レオンハルト・オイラーによ型式になってきたと言われています。

また、ソリトン(soliton)というものがあります。これは流体力学、微分幾何学などの分野でも出てくるものですが、ただひとつの山だけが伝搬し、その形状・速度が不変という特徴を持っています。津波の伝搬もソリトンでパルス状の波動で知られています。

1965年に米国のN. Zabusky と M. Kruskalが非線形波動の数値解析から発見して命名しました。パルスについては、数学的にも重要な対象ですので、また別なときにお話します。

シャハリヤール王は、姫の話を聞きながら、

「まっすぐな状態は、もう生きていないということで、あまり激しい負担は身体に悪く働く…ということなのじゃな」と自分へ言い聞かせるようにつぶやきました。

「えぇ、そうですわね。大きな負担ばかりを気にすると、負荷が大きくなり命を縮めることになりかねませんのよ」と姫は応えました。

少し間をおいて、ずっと考えていた妹のドニアザードが、

「これが4つ目の魔法のランプなのですね」と、ひとり納得して、今宵も満天の星を見上げて言いました。

姉のシエラザードは優しく頷きました。ふたりを見て王様も満足の様子です。

第2章

数学の天才と発展

第15夜

AIという新しい世界へつながる魔法の扉

いままで、「円周率π」、「ネイピア数e」、「虚数i」、そして4つ目の魔法のランプの「波で変化を捉える三角関数」の4つが出てきました。

これらの魔法のランプは「魔法の道具」として、さらに多くのものを発見していきます。

魔法の道具は、イアン・スチュアート(Ian Stewart)の「17 Equations That Changed the World」(世界を変えた17の方程式)と、ロバート・P・クリース(Robert・P・Crease)の「世界でもっとも美しい10の物理方程式」でも紹介されているように、さまざまな分野にまで浸透しながら世界へと大きな影響を与えていきました。

今宵は、現在の新しい領域を形成しつつある「AI」へも影響を与えた「フーリエ」についての話をしましょう。

*

フーリエはフランスの数学者・物理学者(Jean-Baptiste-Joseph, Baron Fourier、1768-1830)ですが、主に「有限区間上の関数を三角関数の級数で表すフーリエ展開」が特に有名です。

もちろん、他にも「波の問題」を周波数成分に分解して調べる「フーリエ解析」でも知られていますが、中でも著書の1つの「熱の解析的理論(1807年)」は多くの注目を集め、19世紀の解析学に大きく貢献したリーマン(Georg Friedrich Bernhard Riemann、1826-1866)の積分論や、カントール(Georg Ferdinand

Ludwig Philipp Cantor、1845-1918)の集合論にも大きな影響を与えました。

「フーリエ解析によって、ほとんどあらゆる関数が周期関数の和として表わせる」ことから、多くの数学者に影響を与え、19世紀解析学の厳密化への門を開いたことが大きな貢献と言われています。

また、

$$x_1 + x_2 + x_3 = \sum_{i=1}^{3} x_i$$

の総和記号(Σ：シグマ)を1820年に考案したことでも知られています。

この表記は、コンピュータプログラミングを作るうえで非常に役にたつもので、なくてはならない存在になっています。

特に有名なフーリエ変換は、少々難しい感じが否めませんが、
「時間の世界 ⇔ 周波数の世界」への「魔法の扉を開けた橋渡し」をしてくれるというように考えるとよいかと思います。

この変換はAIでは重要な領域である「画像認識」などへの応用ができることでとても重要な道具になっています。

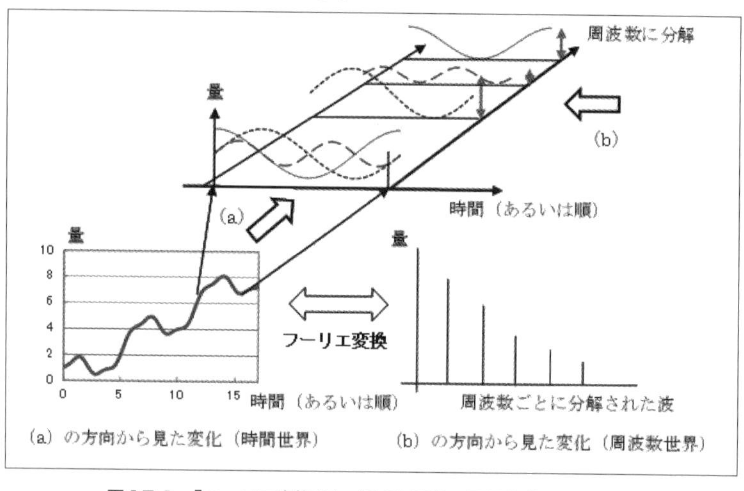

図15-1 「フーリエ変換」は、視点を変えてみると分かりやすい

図15-1を見ながら振り返ると、「複雑な変化の動きも、波を分解すると複雑さの正体が見えてくる」ということに他なりません。
これが、フーリエが残した偉大な業績と言えます。

参考までに、フーリエ変換は下のように表わしますが、どうしても難解さが否めません。

$$\hat{f}(\omega)=\frac{1}{2\pi}\int_{-\infty}^{\infty}f(t)e^{-i\omega t}\,dt$$

式は「おそろしげ」ですが、様々な事象や現象を考える場合、その対象を別な視点のデータに変換するとその対象の特徴を掴む上で便利なことがあります。

このような対象は、現実的にはある時間的あるいは画像の画素の範囲で捉えますが、その時間や順番の始まりや終わりは区切られた時間範囲の中ではなく、無限という基本的なモデルを考え、その後で有限期間で捉えることで、いわゆる対象の一般化ができます。

これを数学的に全区間での表現をすると、

$$-\infty < t < \infty$$

で定義され、区分的に連続な関数(厳密には複素数値関数)をf(t)とします。

このとき、区分的に連続で積分可能な関数(複素数値関数)に対して、先ほどのおそろしげな式

$$\hat{f}(\omega)=\frac{1}{2\pi}\int_{-\infty}^{\infty}f(t)e^{-i\omega t}\,dt$$

の $\hat{f}(\omega)$ をf(t)のフーリエ変換と言います(fの上の記号はハットと呼びます)。

たとえば、f(t)が1 ($|x| \le 1$)、0 ($|x| > 0$) のときは、下のように展開できます。

$$\hat{f}(\omega)=\frac{1}{2\pi}\int_{-\infty}^{\infty}f(t)e^{-i\omega t}\,dt$$
$$=\frac{1}{2\pi}\int_{-1}^{1}e^{-i\omega t}\,dt$$
$$=\frac{1}{-2\pi\omega i}\left[e^{-i\omega t}\right]_{-1}^{1}$$
$$=\frac{1}{-2\pi\omega i}\left(e^{-i\omega}-e^{i\omega}\right)$$
$$=\frac{\sin\omega}{\pi\omega}$$

ここで、「$\sin\omega$」という中学、高校のときに出てきた三角関数が出てきました。
大きく概観すると「波によって、いろいろ変換されている」ということです。

このフーリエ変換を曲線の連続から、細かく分けて細長い長方形の集まりと考えると、フーリエ変換を足し算で表現することができます。これを「離散化」といいます。

「n」だけ標本（サンプル、個体）を取ったとした場合、フーリエ変換（離散フーリエ変換）は、

$$\hat{f}_n=\frac{1}{n}\sum_{k=0}^{n-1}f(k)e^{-im\frac{2\pi}{n}k}$$

と表現できます。

離散という言葉が出てきましたが、例えば連続のデータを縦棒グラフなどで代表させて、1分、2分、3分・・というデータを1日に代表させると単純に縦棒グラフなどで表現すると分かりやすくなります。

この連続的なものを離して代表させる方法を「離散化」と呼んでいます。

4つの魔法のランプが灯したAI・センシング技術

魔法のランプの4つ目、「波」は、把握することで、大きな未来を灯すことになりました。
現在の私たちの身の回りでも多くの技術が「波」を捉えることで生まれています。

良好な睡眠を効率よく確保するための「睡眠センサ」、公共空間での経路案内をする「メガネ型ウェアブルセンサ」(wearable：着用できる)、手首に装着することで健康管理を支援する「腕時計型ウェアブルセンサ」や「脳活動センサ」「自律神経センサ」などがあります。

そして、「赤外線センサ」、空調制御での「圧力センサ」、窓等の開閉管理に使われる「マグネットセンサ」、位置を特定する「BLE(Bluetooth Low Energy)ビーコン」、地震などで使われる「加速度センサ」、回転等では不可欠な「ジャイロセンサ」、インフラ土木管理では不可欠な「ひずみゲージ」、物体の変形を捉える「AE(Acoustic Emission)センサ」、橋梁などの鋼材では必須の「EM(Electromagnetic)センサ」があります。

これら以外にも、「温湿度センサ」「光環境センサ」「熱量センサ」「電力量センサ」「空気質センサ」「音環境センサ」、素人でも扱える地理空間情報のための「VGI(Volunteered Geographic Information)：ボランタリー地理空間情報」、レーザー光を使った「LiDAR(ライダー：Light Detection And Ranging)」、様々な情報を取得する「ソーシャルセンサ」、「Wi-Fi(Hi-Fiをもじった後付けで生まれた略語、Wireless Fidelity)パケットセンサ」などがすでに安価で誰でもが利用できるようになってきています。

今では、ほとんどの人が使用している「スマートフォン」は、タッチパネル自体が「静電容量式タッチセンサ」で指紋認証ができるほか、電子コンパスの磁気センサ、GPS電波の「電波センサ」「圧力センサ」「加速度センサ」(機器の向き)、「ジャイロセンサ」(手振れ補正)「光環境センサ(画面の明るさ調整)・画像センサ(撮影用カメラ)」「音環境センサ」(マイクロフォン、音声入力)、「RiDAR(物体の3Dスキャンによる距離測定)」などが付いています。

これらは「AI」とも密接に関係をもちつつあります。

第16夜
今も解けていない「ナヴィエ・ストークス」という化け物

4つの魔法のランプは「魔法の道具」として、物理学、天文学だけでなくさまざまな領域の学術分野で裾野を広げ社会へ応用されていきます。

特に目覚ましい発展を成し遂げていったものが「数値解析」という領域ですが、これらはコンピューターの発展の歴史でもあるのです。

そして現在でも、いまだに解けていない多くの数学の難問がありますが、今宵は、その中のひとつの「ナヴィエ・ストークス方程式」についてお話しましょう。

*

ナヴィエ・ストークス方程式(Navier-Stokes equations)は主に流体力学で用いられる流体運動を記述する方程式です。

この方程式は、1826年に振り子の研究やガリレオ式望遠鏡で知られるガリレオ・ガリレイ(1564-1642)の「梁の強度に関する論文」の間違いを訂正したことで名を知られたフランスのクロード・ルイ・マリー・アンリ・ナヴィエ(1785-1836)が1822年に粘性流体の運動方程式に関する論文をフランス科学アカデミーに提出し、その後、ジョージ・ガブリエル・ストークス(1819-1903)が、ナヴィエの方程式の一般式を導いたことで「ナヴィエ・ストークス方程式」として知られています。

ナヴィエ・ストークス方程式は、

$$\rho\Delta V\left\{\frac{\partial v}{\partial t}+\left(v\cdot\nabla\right)v\right\}=\left(-\nabla\mathrm{p}+\mu\nabla^2 v+\rho f\right)\Delta V$$

ρ ：流体密度

v ：流体速度

p：流体への圧力

μ ：粘性係数

f ：流体にかかる外力

ΔV ：物体の体積

∇ ：ナブラ(nabla)　$\nabla f = grad\ f = \left(\frac{\partial f}{\partial x}, \frac{\partial f}{\partial y}, \frac{\partial f}{\partial z}\right)$

ナブラは、ベクトル解析学での「勾配ベクトル」を指します。
この方程式では、

(流体密度)(物体体積)×{時間微分項＋移流項}
＝(圧力項＋粘性項＋外力項)×(物体体積)

というように非常に複雑で難解です。

このため、問題をいくつか仮定して単純化して解く方法などが用いられていますが、現在でも解析的な解法は解かれていません。こうしたことから現在ではコンピューターを使った数値解析法が多く用いられています。
ナヴィエ・ストークス方程式以外でもさまざまな現象を記述する支配方程式(微分方程式)では、「差分法」(FDM：Finite Difference Method)、「有限要素法」(FEM：Finite Element Method)、そして「境界要素法」(BEM：Boundary Element Method)などが知られていますが、登坂宣好ら(**参考文献23、24**)の境界要素法研究会の研究は「半解析的手法」として、多くを解析的に解き、高い精度を上げていることでよく認知されています。

ナヴィエ・ストークス方程式でも難しい対象は、「乱流」を解くモデルがあり、有名なモデルには、「k- ε (ケーイプシロン)モデル」や「LES (Large Eddy Simulation)モデル」が知られています。
この難解さもあり、数学上の重要な未解決問題への「ミレニアム懸賞問題(millennium prize problems：アメリカのクレイ数学研究所により2000年に発表された懸賞で100万ドルの懸賞金が贈られる)」という7つの問題にもなっています。

ミレニアム懸賞問題は、「ヤン-ミルズ方程式と質量ギャップ問題」「リーマン予想」「NP予想」「ナヴィエ・ストークス方程式の解の存在」「ホッジ予想」「ポアンカレ予想」「バーチ・スウィンナートン＝ダイアー予想」の7つです。
このうち、「ポアンカレ予想」は1904年にフランスのアンリ・ポアンカレ(1854-1912)によって提唱された「単連結な3次元閉多様体は3次元球面に同相である(という位相幾何学の予想)」というものですが、2002年から2003年の3つの論文でグリゴリー・ヤコヴレヴィチ・ペレルマン(Grigori Yakovlevich Perelman)によって解決されました。
彼は、2006年のフィールズ賞、2010年のミレニアム賞を辞退したことでも知られています。

第17夜
天使と悪魔を目覚めさせたマクスウェル方程式

今宵は、「天使と悪魔を目覚めさせた方程式」の話をしましょう。

＊

磁石というものがありますが、2つの磁石を少し離れておくと、両方の磁石には、「ひきつけ合う力」と「離そうとする力」が働きます。

実は、この2つには「単に置いてある」ということ以外に、何の力も与えてはいません。それであるのに「ひきつけ合う・離そう」という「力」が働いているという事実に、多くの物理学者が悩まされ続けてきたものです。

なかなかうまく説明ができないので、ふたつの磁石の間にある「空間」には、「ある力」が存在していると考え、これを「場(ば)」と呼びました。紀元前600年頃にタレス（Thalēs、BC624-546）は天然樹脂の琥珀（コハク）は宝石のひとつとして珍重されていますが、これを擦ると静電気が発生する天然磁石であることを知っていたと言われています。

この琥珀ですが、プラトン（Plátōn、古代ギリシャ、哲学者、BC427-347）は著書「テイマイオス」の中で、琥珀が軽いものを引き付けることを既に記しています。

その後、時は経ち、1831年にマイケル・ファラデー（Michael Faraday、英、化学者・物理学者、1791-1867）によって、電流と磁気の相互作用による「電磁誘導現象」が発見されました。

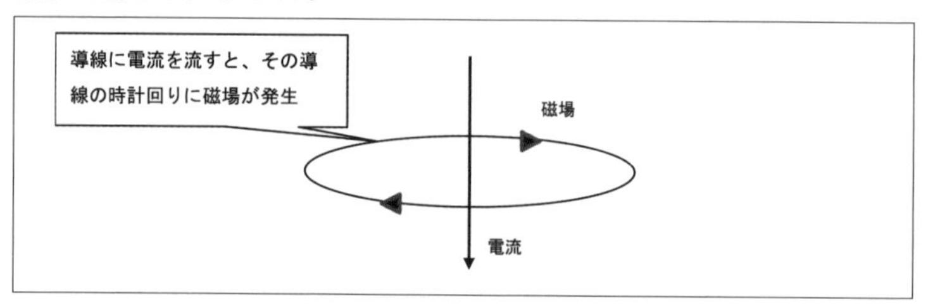

図17-1　電流を流すと磁場が発生

このファラデーの後に、ジェームズ・クラーク・マクスウェル(James Clerk Maxwell、英・スコットランド、理論物理学者、1831-1879)によって、1864年にマクスウェル方程式(Maxwell's equations)が導き出されました。

その方程式は、下のように「恐ろしげ」な4つの連立偏微分方程式と、ここでは表記を割愛しましたが実際には2つの「電場と電束密度、磁場と磁束密度の関係式」によって構成されています。

$$
\begin{cases}
\oint_s B\cdot\ dS = 0 \\
\oint_C E\cdot\ dt = -\dfrac{d\varnothing}{dt} \quad ,\ \varnothing = \int_S B\cdot\ dS \\
\oint_S D\cdot\ dS = Q_{encl} \\
\oint_C H\cdot\ dt = \int_S j + \dfrac{\partial D}{\partial t}\cdot\ dS
\end{cases}
$$

B：磁束密度、E：電場強度、$\oint$:閉曲線、S：閉曲面、D：電束密度、
H：磁場強度、j：電流密度、Q：閉曲面Sでの領域内の電荷

上の式から、「磁力線はどこかを起点にも終点にもできない磁束保存方程式」、「磁場に時間変化が生じると電場が発生するファラデー・マクスウェル方程式」、「電場の発生源が電荷であることを表すガウス・マクスウェル方程式」、「電流と変位電流により起こる磁場を記述するアンペール・マクスウェル方程式」から構成されています。

とんでもない難しい世界に引き込まれそうになりますが、実は、2番目の式に着眼すると、

「電場(の強度の変化)」＝ －「磁束(の密度の変化)」

という「2つの世界の対称性が存在」していることを表しています。

つまり、「電場と磁場の2つの世界が統一された世界」であることを表しています。この式の延長上に、「アインシュタインの特殊相対性理論」が生み出されます。

また、アインシュタインは特殊相対性理論が「マクスウェルの電磁場方程式」であることを明言しています。これは後に「$E=mc^2$（小さなエネルギーが巨大なエネルギーを生む）」という方程式を生みます。

まさか、数式の世界のマクスウェル方程式が、知らぬうちに「天使と悪魔」を目覚めさせたとは、このときには誰一人として知る由もなかったのです。

＊

「ふ〜む…」とひとりつぶやいた王様の肩に手を置き、「何か気になることでも？」と姫は聞きました。

「ただの紙にしか書けない数式とやらが、やがて電気とか磁気という目に見えない世界の魔法の法則を解き明かしていくのか…。そして天使と悪魔を呼び起こすというのか」

「えぇ、そうですね。数を扱う学者の中に天才的なひらめきを持った人たちが、いろんな世界で役にたつものへと発展させていくのです。本当に数学というのは、魔法を作り出す道具ではないかと、私も驚くばかりです。
ただ、それを使う人間によっては悪魔を呼び起こすことになるのですわ」
と、姫は妹のドニアザードの手をとって、優しく王様の肩を抱きました。

今夜も星がそらいっぱいに散らばっていて、とても邪気があるようには見えませんでした。

第18夜
アインシュタインの方程式は天使か悪魔か

昨夜は、「電気の世界と磁気の世界を統合するマクスウェル方程式」が天使と悪魔を目覚めさせたという話をしました。

*

先に、アインシュタイン(Albert Einstein、1879-1955)の相対性理論のもととなった論文と、彼自身が書いた表記を先に紹介しましょう。

アインシュタインの論文「A.Einstein, Zur Elektrodynamik bewegter Körper (移動体の電気力学について), Eingegangen 30.Juni, pp891-921, 1905」の中の第9章ではマクスウェル方程式が出てきていますが、第10章では、結論部の重要な3つの方程式が記述されています。

論文：

http://myweb.rz.uni-augsburg.de/~eckern/adp/history/einstein-papers/1905_17_891-921.pdf

この論文の方程式と、アインシュタインの方程式に因んだ映画の「原子の力」が1947年に公開されています。映画の中では、論文での記述と少し異なるアインシュタイン自身によるメモが写されています。

1. $$\frac{A_m}{A_c} = \frac{v}{c}$$

2. $$P = \int x dx = \frac{m}{E} c^2 \left\{ \frac{1}{\sqrt{1 - v^2 c^2}} - 1 \right\}$$

3. $$-\frac{d^2 v}{dt^2} = \frac{\mathrm{v}^2}{R} = \frac{E}{m} \frac{v}{c} N \sqrt{1 - \frac{v^2}{c^2}}$$

「1式」は論文p.920の下から**7行目**、「2式」はp.921の上から**3行目**、「3式」は同じくp.921の上から**8行目**に記載されているものです。

ただし、使用している記号は、映画でのアインシュタインのメモの表記と論文表記の記号で若干異なる表記になっています。

ここで、「Am：磁気の働く力」、「Ac：電気の働く力」、「v：速度」、「c：光速」、「m：質量」、「E：パワー」、「N：力」、「R：曲率半径」、「E：エネルギー」として論文では説明が付されています。

これらの方程式が、最終的に良く知られる、

$$E = mc^2$$

になりました。

その過程は、論文が発表された当時、この方程式を理解できるのは、世界でも10人はいないだろうと評された難解中の難解とされた理論です。

現在では、さまざまな書籍等で解説されており、Webなどでも詳細な展開が紹介されています。

問題は、この式の意味するところです。

これは、

(エネルギー)＝(物質の質量)×(光の速度の2乗)

ということを表しますが、「わずかな物質を巨大なエネルギーに変えられる」という、とんでもないことを意味しています。

アインシュタインは1921年にノーベル物理学賞を受賞しています。

彼の「$\mathrm{E}=\mathrm{mc}^2$」を第二次世界大戦中に、J・ロバート・オッペンハイマー(J. Robert Oppenheimer、米、理論物理学者、1904-1967)により、米国のロスアラモス国立研究所で初代所長として「原子爆弾開発」の総指揮をとり、原爆を生み出したことは有名な話です。

実験は、ドイツの降伏後の1945年7月16日にトリニティ実験場(人類最初の核実験場)で、世界で初めて原爆の威力の実験に成功し、わずか3週間後には、8月6日に広へウラン型、8月9日には長崎へプルトニウム型の原爆が投下されました。

「わずかな物質が大きなエネルギーになる」という「原子力」は、未来のエネルギーへの天使役をするはずのものが、戦争という狂気によって悪魔へと豹変した瞬間であったと言えます。

後に、オッペンハイマーは、「世界は、もうもとには戻らない。今、私は死に神となり、世界の破壊者となった」と、自責の念に苛まれます。同様に、アインシュタインも原爆製作を米国のルーズベルト大統領に進言したことを、生涯後悔をしていました。

平和を願うアインシュタインの意志をオッペンハイマーはアインシュタインの逝去に伴い追悼文を捧げています。
「…暗闇を掘り進め、明かりをともした彼の魂は我々とともにあります」。そして、その思いは1957年においてパグウォッシュ会議が開催され、「核兵器は絶対悪である」という信念のもとに世界の科学者の集いが始まっていったのです。

第19夜
金融市場へ革命をもたらしたブラック・ショールズ理論

1905年は、アインシュタインの多くの重要な論文が発表された「奇跡の年」と呼ばれています。

*

「奇跡の年」とは1799年に創刊され、世界で最古と呼ばれる物理学の査読済み原著論文を掲載するアナーレン・デア・フィジーク(Annalen der Physik)に発表した4つの論文、「光電効果」「ブラウン運動」「運動物体の電気力学」(特殊相対性理論)、「原子エネルギーの発見」の基本的概念を示した論文が掲載された1905年を指します。

この中で、3つ目の論文の「特殊相対性理論」は、「原子の力」を目覚めさせ、それらはこれから話す「ブラック・ショールズ理論」へも影響を与えました。

2つ目の「ブラウン運動」(Brownian motion)とは、液体や気体の中で不規則に動く現象で、1827年にロバート・ブラウン(Robert Brown、1773-1858)が顕微鏡で発見した論文「植物の花粉に含まれている微粒子について」で発表したものです。その後、そのメカニズムは1905年にアインシュタインによってブラウン運動は原子の存在を証拠付ける事実となったことが知られています。

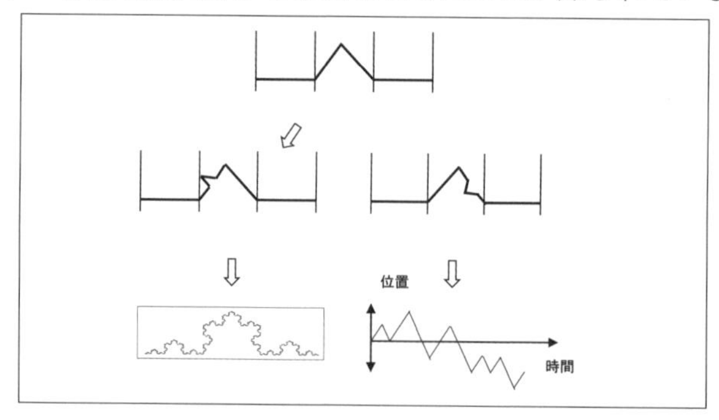

図19-1　ブラウン運動(左側はフラクタルのコッホ曲線へのルート　右はランダムウォーク)

上の図のいちばん上は、「コッホ曲線」というフラクタル構造の基礎をなす重要な図形ですが、この図形の変化(時間的な変化)をコイン投げのように「表と裏」で、次のステップの位置を決めていくということをしていくと、図の右下のように「ランダムウォーク(酔歩:すいほ)」という現象を作っていけます。

このランダムウォークの歩幅と時間間隔を短くしますと「ウィーナー過程(Wiener process)：時間連続確率過程」という「ブラウン運動(Brownian motion)」と呼ばれる現象になります。

ウィーナー過程は、過去の情報を制限して計算した期待値と未来の期待値が同一になるという「マルチンゲール(martingale)」という確率過程のひとつで、ブラウン運動は、Robert Brownによってはじめて観測され、Albert Einsteinの示唆とMarian Smoluchowskiの研究によって「熱の分子運動説」への道が切り開かれました。

この「ブラウン運動の中にある不規則な変動」を確率的に解こうという試みが1973年にフィッシャー・ブラック(Fischer Sheffey Black、1938-1995)とマイロン・ショールズ(Myron S. Scholes、1941-)によってなされ、「ブラック・ショールズ理論」として1997年にノーベル経済学賞を受賞しています。

このモデルは、満期をTとして、行使価格をKとしたときのヨーロピアン・コールオプション(時刻$t=T$)のときの原資産価格の$S(T)$によらないで行使価格Kで原資産を1単位取得できる権利のオプション)の価格「$C=(S_t, t)$」を求めるために、区間$[0, T]$で取引を各時点のtで求めていくことを考えたときに、下の方程式をブラック－ショールズ方程式(Black–Scholes equation)と呼んでいます。

$$rC = \frac{\partial C}{\partial t} + \frac{1}{2}\sigma^2 S_t^2 \frac{\partial^2}{\partial S_t^2} + rS_t \frac{\partial C}{\partial S_t}$$

この式の右辺第2項は、$\frac{\partial u}{\partial s} = \frac{1}{2}\frac{\partial^2 u}{\partial u^2}$ という「(1次元)熱伝導方程式」と同じです。

式の意味は少々難解ですが、ある時点tでの株価Stと債権価格Btがあるとした場合に、その変動は、幾何ブラウン運動のウィーナー過程(Wiener process)という連続時間の確率過程を取ることを意味しています。

この方程式は、金融界で熱狂的な支持を受け、不規則な金融市場の予測モデルとしてさまざまな携帯型計算機などに取り込まれ、金融市場は「マネーゲーム化」の様相を帯びていきます。

しかしながら、その熱狂はやがて金融市場の大暴落へと歩み始めていたのです。

第20夜
ブラック・ショールズ理論の破綻

「ブラック・ショールズ理論」は、金融市場へ革命をもたらしたと言える存在で、証券市場で具体的商品価値が自在に算出できるようになったことは、金融界に大きな衝撃と期待をもつて迎えられました。

しかし、オプション価格が理論的に得られるという一方、理論提唱者が参加していたLTCM (Long Term Capital Management) が1999年に破綻したことで、この理論に対する脆弱性が指摘されました。

破綻が起きた、その訳はなんでしょうか？

＊

これは、「価格の変化率の分布が正規分布に従う」という仮定の上に立脚した理論であることが問題であると指摘されました。その後、原資産の価格の不連続(不規則)な変動を許容とした、マートンモデル(Merton Model)などが考案され改良されています。

ブラック・ショールズ理論とマートン(Robert Cox Merton、1944-)モデルの工夫は、久田祥史の論文(ジャンプ拡散過程を用いたオプション価格付けモデルについて，日本銀行金融研究所，金融研究，pp.51-86，2003.6.)の図で詳しく解説がなされています。その一部を紹介しましょう。

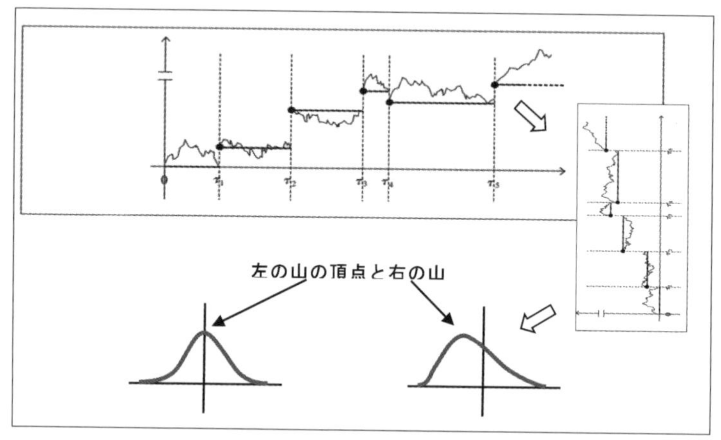

図20-1　金融動向の不規則変動と正規分布と二項分布

図20-1の上側を縦に回転し、それと「二項分布とPoisson分布の頂点」が、「各変動を群として考えたときの「小さな集まりである(•——)を群」として考えると、Poisson分布の頂点が左右に動くことがわかります。これが「ジャンプ拡散過程」ですが、個々の「小さな群」は標準正規分布によって形成される「対数正規分布ジャンプ幅率モデル」と呼ばれています。

この「ジャンプ」は、ポアソン過程の係数を入れていますが、先の久保の論文のpp.56の脚注で、

> …J-Sをジャンプが起こった直後の原資産価格となるようにモデル化するためである。たとえば、原資産価格(St)を100円とし、ジャンプにより80円となるようにモデル化する場合、0.8×100円=80円であるため、$J=0.8$となる。したがって、この場合のポアソン過程の係数J-1は0.8-1=-0.2、つまり下側に20%ジャンプすることを表している。

と、論文では解説されています(Cは原資産1単位を取得できる価格、Tは満期)。

この破綻を是正した「マートンモデルの方程式の解」によって彼らの理論はふたたび日の目を見ることになります。その2つの方程式を掲載しておきましょう。

$$C(S_t,\ t)=S_tN(d_1)-Ke^{-r(T-t)}N(d_2) \qquad \text{ブラック・ショールズ式の解}$$

$$C(S_t,\ t)=\sum_{n=0}^{\infty}\frac{e^{-\lambda' T}(\lambda' T)^n}{n!}\left[S_0N(d_1)-Ke^{-r_nT}N(d_2)\right] \qquad \text{マートンモデル式の解}$$

$$\begin{cases}\lambda'=\lambda(1+k),\ r_n=r-\lambda k+n\ln\dfrac{(1+k)}{T},\ \sigma_n^2=\sigma_B^2+n\sigma_J^2/T\\ d_1=\dfrac{1}{\sigma_n\sqrt{T}}\left[\ln(S_0/K)+(r_n+\sigma_n^2/2)T\right],\ d_2=d_1-\sigma_n\sqrt{T}\end{cases}$$

ここで、$N()$は標準正規分布の累積確率密度関数で、kは下のとおりです。

$$k=E[J-1]=exp(\mu_J+\sigma_J^2/2)-1$$

「J」は「ジャンプ幅率を表す確率過程」、「μ」は原資産価格の期待収益率、「σB」は原資産価格の収益率のボラタリティ（定数）、「λ」はポアソン過程の強度（定数）、「k」はジャンプ幅率の期待値です（式展開は久田祥史氏の論文の補題2, pp.72-76に詳細）。

金融理論は、業界で一躍有名になりましたが、その後の金融市場の暴落を経てさまざまなモデルによって支えられています。そして、現在はAIによる方法が主流を占めています。

第21夜
蝶が羽ばたくと竜巻が起こる「カオス」

最近、よく耳にする「カオス」(chaos)という言葉は、「混沌やよくわけの分からない挙動」などに使われることが多いように感じますが、扱われる分野・領域によってさまざまに定義されています。

実際には、ジェームズ・A・ヨーク(James A. Yorke、1941-)とリー・ティエンイエン(Tien-Yien Li、、1945-2020)によって1975年に使われるようになったと言われています(T.-Y. Li and J.A. Yorke, "Period three implies chaos," Amer. Math. Monthly, vol.82, no.10, pp.985-992,1975.)。

＊

本来、「カオス」とはギリシャ神話での神で、ゼウスと同じすべての神々の祖にあたる神です。

カオスの名前は、「大口を開けた」の意味をもつことで知られていて、奈落の「タルタロ」、大地の「ガイア」、愛・欲望の「エロース」、暗黒の「エレボス」などの神々を生み出したと言われる神です。

大きく概観してカオスを捉えると「非線形、決定論的力学系、初期値の鋭敏性、(有界な)非周期軌道」という特徴がみられます。

また、カオスの初期の研究では、1877年のマクスウェルの「物質と運動」や1880年代のポアンカレの「三体問題」の研究はカオス理論の始まりとされていますが、まだこの時期には「カオス」という用語はできていません。

現象として、エドワード・ローレンツ(Edward Norton Lorenz、米、気象学者、1917-2008)が、シミュレーションを行っていた1960年に「気象のパターンが初期値のほんのわずかな違いで大きな発散現象を起こす」ことに気が付いたと言います。

このことから、1972年にローレンツが行った講演の副題に付いた「ブラジルの蝶の羽ばたきはテキサスでトルネードを起こすのか？」という言葉が知られるようになり、「蝶が羽ばたくと竜巻が起こる」バタフライ効果(butterfly effect)が有名になりました。

現在では、このカオス理論はさまざまな分野への応用研究が進んでいますが、実際にExcelを使った挙動のソフトは多く公開されていますので、実際にシミュレーションしてみましょう。

この内容は(http://www.prings.com/opendoor/excel1.htm)で一般にフリーソフトとして公開されていますので、気軽にシミュレーションをすることができます。

実際のExcelでの画像を紹介する前に、ローレンツが1963年に発表した論文「決定論的非周期な流れ」の中で、カオス的振舞いを示す非線形常微分方程式を紹介しておきます。

$$\frac{dx}{dt} = -px + py$$ (p：プラントル数：prandtl；動粘性係数と熱拡散係数の比)

$$\frac{dy}{dt} = -xz + rx - y$$ (r：レイリー数：rayleigh；浮力と温度拡散率の比)

$$\frac{dz}{dt} = xy - bz$$ (b：対流の水平波長)

上は「ローレンツ方程式(Lorenz equation)」です。

ここで、「p、r、bは定数」で、シミュレーションでは「p=10, r=1から60まで, b=2.5」で設定しています。

この座標の視点を変えると「蝶型のアトラクタ(attractor：軌道を引き付ける性質をもつ領域)」になります。「x」は対流が回転する速度、「y」は温度場の定常分布からの上下方向の「ずれ」、「z」は水平方向の定常分布からの「ズレ」を表わしています。数値的には常微分方程式ですので、「ルンゲ-クッタ法(Runge-Kutta)」や「オイラー法(Euler)」で解けます。

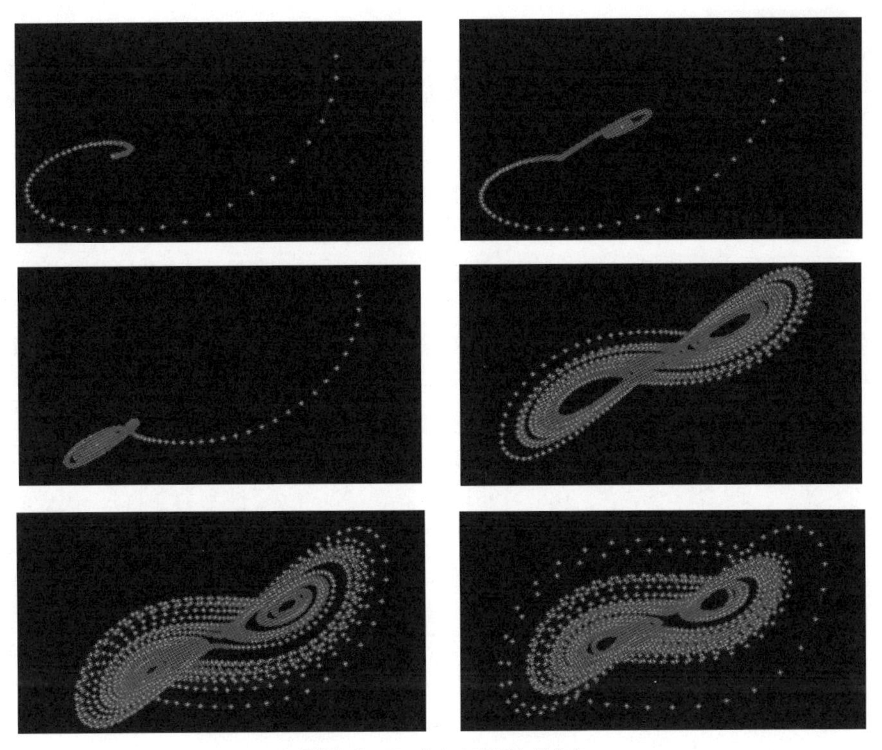

図21-1　ローレンツのアトラクタ
(上段左；r=1，右；r=5　中段左；r=10，右；r=20　下段左；r=40，右；r=60)

ほんのわずかな初期値から、ある「何かのルールが潜む世界」を垣間見ることができるという点で、さまざまなものへの応用がなされていますが、「カオス・ニューラルネットワーク」では、「ヤリイカの神経軸索」を用いた実験でニューロン内にカオスがあることが明らかにされたことが知られており、とても興味深い実験成果といえます。上の図からは、「カオスは、混沌やわけの分からない挙動」ではなく、きちんと規則性があることが分かります。

「わけの分からぬものにも、何らかの法則があるということか…」

そう言った王様は、どこかとても楽しそうに見え、姫も、なんとなくうれしそうに微笑みました。

「この数学という魔法は、実に不思議なものじゃな」と、つぶやきました。

第22夜
半導体という魔法の力を生んだシュレーディンガー方程式

今宵出てくる方程式は、かなり難しいですが、少々お付き合いください。

物理学には「量子力学 (quantum mechanics)」が主流を占めています。この量子力学は、アインシュタインの1905年の特殊相対性理論のあとに、1915-1916年にかけて発表した論文で知られる「一般相対性理論」(general theory of relativity) が「(ちょうど人が練習する) トランポリンに人が沈む状態が沈んでゆがんだ部分こそが重力である」という重力場という「場の理論」と物理学の根幹をなす理論として力学を記述する事で知られています。

特に、シュレーディンガー (Erwin Rudolf Josef Alexander Schrödinger、オーストリア、理論物理学者、1887-1961) による1926年の「波動力学」は、代表的な量子力学として重要な理論となりました。

先に、シュレーディンガー方程式(一次元)を紹介しておきましょう。

$$i\hbar\frac{\partial\Psi(x,t)}{\partial t}=-\frac{\hbar^2}{\partial t}\frac{\partial^2\Psi(x,t)}{\partial x^2}+V\Psi(x,t)$$

$$\hbar\equiv\frac{h}{2\pi}\qquad h=6.626068\ldots\times10^{-34}m^2kg/s$$

$\Psi(x,t)$：位置と時間に関する波動関数(ド・ブロイ波), V：位置エネルギー

h：プランク定数(Planck constant), $\hbar$：ディラック定数(Dirac's constant)

$\hbar$：「エイチ・バー」と読みます

ド・ブロイ波 (de Broglie wave) は、光子を含む物質が波として振る舞う現象で1924年にルイ・ド・ブロイ (Louis Victor de Broglie、仏、理論物理学者、1892-1987)) によって博士論文で仮説として提唱したものです.

その後、シュレーディンガーの波動方程式(波動関数)で仮説は結実しています。ド・ブロイ波は「物質波」とも呼ばれています。

また、この波動関数は、「ある場所での量子が検出される確率」を表しています。

そもそも、この波動関数は「波であり、同時に粒子でもある」という量子の性質を表していく際に非常に重要な役割を担っています。

この方程式の大きな意味は、「非常に微小な粒子と波の二重性」があることを示しています。しかし、二重性の「誤差」については1927年にハイゼンベルク(Werner Karl Heisenberg、独、理論物理学者、1901-1976)によって、「微小な世界では厳密に測定することは難しい限界が存在」することが示されました。

それが「ハイゼンベルクの不確定性原理(Uncertainty principle)」と呼ばれるものです。

$$\Delta p \, \Delta x \geq \frac{\hbar}{2}$$

Δp ：運動量の測定誤差，Δx ：位置座標の測定誤差

これは「位置座標の誤差を小さくしようとすると、運動量の誤差が大きくなり、運動量の誤差を小さくしようとすると、位置座標の誤差が大きくなる」ということを示していて、このことから「不確定性原理」と呼ばれています。

このようにさまざまな理論へ波及しながら、「量子力学」は発展し、現在もさまざまな場面で研究が進められています。

マクスウェルの方程式、アインシュタインの「相対性理論」、そしてシュレーディンガー方程式は、「非常に微細な世界」と「宇宙での物理学」まで影響を与えていきます。

また、魔法の力ともいえる「半導体」は、シュレーディンガー方程式をもとに量子力学の飛躍的な発展を遂げ、さらに化学、材料学などの「固体物理学」、「半導体物理学」、「固体電子論」などの領域をどんどん広げて多くの奇跡を起こしていきます。

＊

「ふ〜む…、ひとつの方程式が、どんどんいろんな世界に影響を与えていくのじゃなぁ…」と、王様はあごひげに触りながら、姫の顔を感心したように眺めていました。

「いやですわ。王様」と、照れるようにシエラザードは応えました。

「お姉さまは、どうしてそんなに物知りなのですか？」と妹に聞かれ、

「お父様に小さい頃から、いろいろ教えて頂いたのよ」と遠くを見て言いました。

群青に澄んだ夜空に流れ星がいくつも走り抜けた春の夜でした。

第23夜
「素数をあぶりだす魔法のエラトステネスのふるいの話」

「1と自分自身の数でしか割れない数(2,3,5,7,11,13,17…)」の素数の発見は、紀元前1650年頃の古代エジプトの数学文書の「リンド数学パピルス」(Rhind Mathematical Papyrus)に素数の初歩的な性質が示唆されていると言われています。

その後、古代エジプトのユークリッドの「ユークリッド原論」で素数が無数に存在することが示されています。

このユークリッドは、当時は未定義であったメルセンヌ(column参照)素数の考え方と同じ方法から完全数を構成する方法を示しました。

実は、ギリシャの数学者エラトステネス(Eratosthenes、紀元前275-紀元前194)が素数の判定法を発明した「エラトステネスのふるい(篩)」も「素数と密接な関係にある完全数」などと共に、その後「素数」が知られるようになったと言われています。

エラトステネスは地球の大きさを初めて測定した人としても知られています。

素数の歴史はとても古いのですが、1640年のフェルマー(Pierre de Fermat、1607-1665)、ライプニッツ、オイラーの時代まで研究はほとんど進展していませんでした。話を「エラトステネスのふるい」にしましょう。

ある範囲を指定されたときに、その中で現れる整数以下のすべての素数を発見するための方法が「エラトステネスのふるい：Sieve of Eratosthenes」と呼ばれるものです。

この方法は、「2からnまでの整数を並べ、2の倍数をふるい落とし、次に3

の倍数をふるい落とし、次に5の倍数をふるい落とす…を繰り返す」というものです。

ふるい分けによって素数を発見していくという方法ですが、現在では、C++やPythonなどのプログラム言語で「素数の抽出する方法」は多くWeb等で公開されています。

素数が自然数の中にどれくらいの割合で出現するのかという「素数定理」(Prime number theorem)は、いまだに証明が解明されていない部分が多く、後に「リーマン予想」というとんでもない魔宮を生み出し、多くの数学者の人生を狂わせると言われる「予想問題」にまで発展していきます。

たとえば、「2から10,000まで」の素数の出現を図化したものを**図23-1**に掲載しました。

この図を見るかぎりでは、「この中に何かの規則性があるような…」と感じます。

いかがでしょうか。何かとんでもない不思議なものがあるように見えませんか。

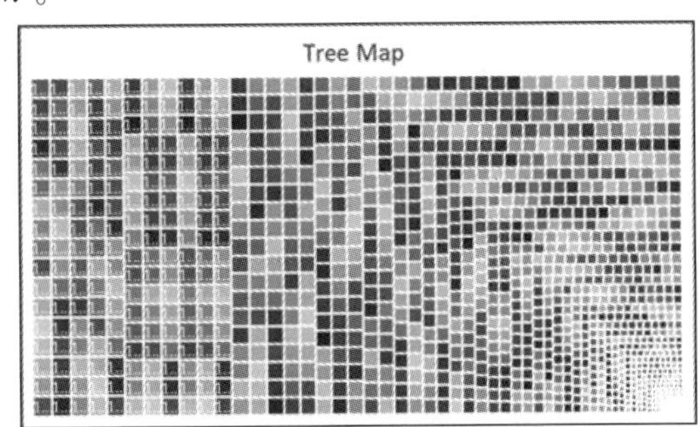

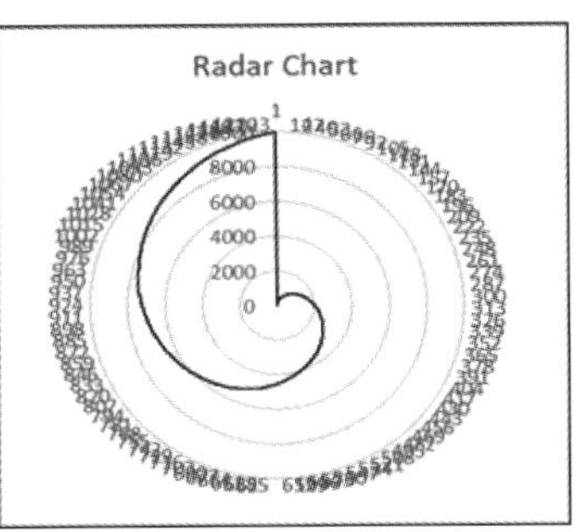

図23-1 「2から10,000」までの素数のグラフ化

いろいろな数の世界

数の世界には、

・自然数(natural number):0を含まず1から始まり1ずつ増えていく数
・素数(prime number):1とそれ以外では割り切れない数
・偶数(even number):2で割り切れる数
・奇数(odd number):2で割ると1余る数
・三角数(triangular number):正三角形に並べたときの点の総数、3点で構成する三角数は6、4点では10
・平方数(square number):整数の2乗で表わされる非負整数

などがあります。

この他に、

・友愛数または親和数(amicable number):異なる2つの自然の組で、自分自身を除いた約数の和が互いに等しくなる数。たとえば、最小の友愛数の組は(220, 284)で、220の自分自身を除いた約数は、1, 2, 4, 5, 10,11,20,22, 44, 55, 110で、和は284です。284の自分自身を除いた約数は、1, 2, 4, 71, 142で、和は220です)、
・ピタゴラス数(Pythagoras number):3つの自然数x, y, zが$x^2+y^2=z^2$を満たす数

などさまざまな種類があります。

そして、現在でも51個しか発見されていない「完全数」(perfect number)は、その数字自身を除く約数の和がその数字自身に等しい自然数。6の約数は、1、2、3、6の4つで、6以外の約数の和が、1＋2＋3＝6となるので、6は完全数です。次は28、496、8128、…です)。

また、メルセンヌ数(Mersenne number)は2n-1で表せる自然数で、素数のものはメルセンヌ素数と呼び、マラン・メルセンヌ(Marin Mersenne、仏、神学者、数学者、物理学者、哲学者、1588-1648)によって提唱されています。

他にも、2つ以上の素数の積で表すことができる自然数には、

・合成数(composite number)、社交数(sociable numbers):友愛数の発展内容で、異なる3つ以上の自然数の組
・過剰数(abundant number):その約数の総和が元の数の2倍より大きい自然数
・不足数(deficient number):その約数の総和が元の数の2倍より小さい自然数
・くさび数(sphenic number):異なる3つの素数の積で表される自然数、30＝2×3×5など)

などがあります。

第24夜
「数学者の人生を狂わせる素数」という魔の迷宮 リーマン予想の話

図24-1は「素数の抽出」を「10,000」、「20,000」、「50,000」と「PandasのJupyter notebookによるPython」を使って、その結果をExcelでグラフ化(Tree map)して3段階シミュレーションしたものです。この図からは、「何か(無限に広がる世界)が潜んでいそうな…」という感じしか掴めません。

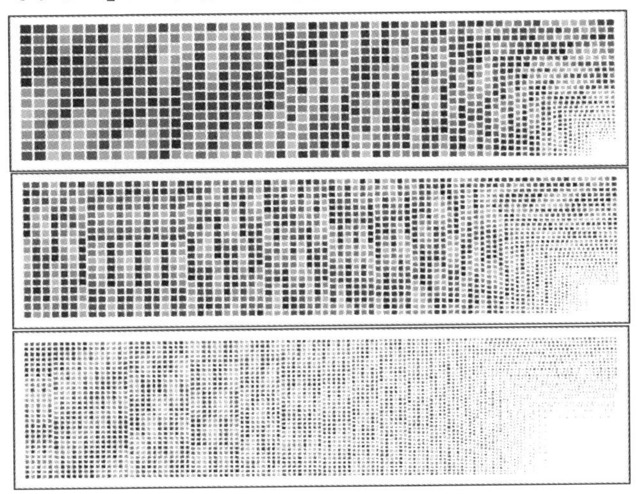

図24-1　「2から10,000・20,000・50,000」までの素数のグラフ化(ExcelのTree map)

素数の出現は、**表24-1**のように、ランダム(?)に発生して出てきますが、はたしてそこには「何かの規則が潜んでいるのでは?」と考えたくなります。

この瞬間に、まるでギリシャ神話のクレタ島のクノッソス(Κνωσσός)のラビリンスの迷宮(ラビリンス:λάβρυς;両刃の斧の意)に迷い込んだようになります。

どことも交わることを拒み、一本道のようにすべてを通らなければ延々と続くある目的地へ着けないという「魔の迷宮」か、何度も行き止まる「失意の迷路(メイズ:maze)」に入ることになります。

また、クノッソスの迷宮は、アーサー・エヴァンズ(Sir Arthur John Evans、英、考古学者、1851-1941）によって1900年に遺跡が発掘され迷宮が実在したことが示されました。ただし、迷宮と関わる人身牛頭の魔物のミノタウロスの話はギリシャ神話の中の話です。

表24-1　素数の出現

2	3	4	5	6	7	8	9	10	11	12	13	14	15	16	17	18	19	20	21	22	23	24	25	26	27	28	29	30	31

歴史で初めて「素数に潜む規則性の探求」をしたのは、レオンハルト・オイラーと言われています（ただし、素数についてはユークリッドまで遡ります）。

素数について、オイラーは、「素数の並びには何らかの意味がある」と考え1735年に、

$$\frac{2^2}{2^2-1}\times\frac{3^2}{3^2-1}\times\frac{5^2}{5^2-1}\times\frac{7^2}{7^2-1}\times\frac{11^2}{11^2-1}\times\cdots=\frac{\pi^2}{6}$$

という「無限和」が円周率で表されることを発見しています。

その後、ガウス（Johann Carl Friedrich Gauß、1777-1855）が「素数が存在している割合」を「素数階段」という方法を使って、謎に挑戦します。素数が出現するたびに「1ずつ増えていく」というものです。

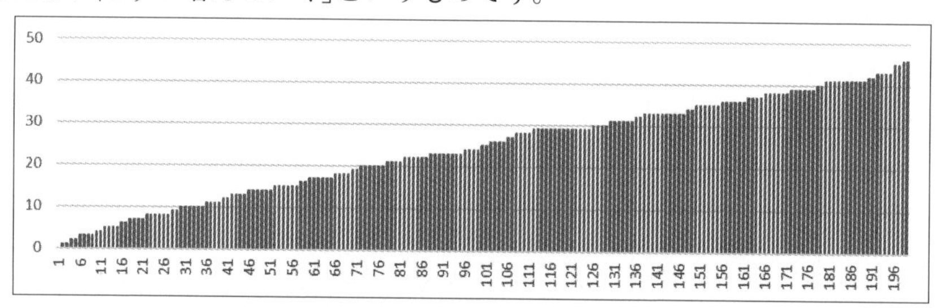

図24-2　素数階段（素数階段についてはガウスが少年期に考えた方法）
（素数階段：ガウスが着眼したのは、素数の出現がある大きな数になっていくと次第に収束を始めるだろうと考え、それによって素数出現の規則が見いだせるのではないかと考えました）

この素数階段から、ガウスは素数の規則性に迫る「素数定理」の考え方を示唆しています。

それは、「π (x)：素数の個数」で、

$$\pi(x) \cong \frac{x}{\ln(x)}$$

というものです。

ln(x)は「loge(x)」のことで底に「e：ネイピア数」をもつ自然対数です。

その後、素数には「$M_n = 2^n - 1$」が素数であれば、「n」は素数であるという「メルセンヌ素数」がマラン・メルセンヌによることも知られるようになりました。

上の式の意味は、たとえば「x=100のとき、ln(100)=4.6051…」になりますので、「100付近では、おおむね4.6個に1個は素数」があるという意味です。

さらに、リュカ(François Édouard Anatole Lucas、仏、数学者、1842-1891)が19年かけて「12番目のメルセンヌ素数M127 (2の127乗)」を手計算によって確認しました。

表24-2 「2の127乗-1の計算(Wolframによる算出：column参照)

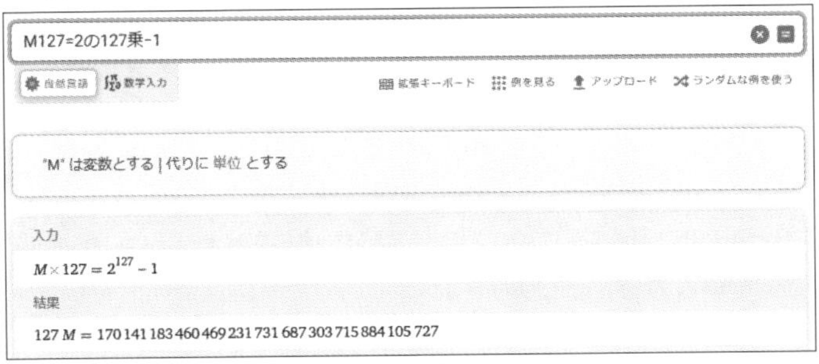

M127=2の127乗-1

自然言語　数学入力　拡張キーボード　例を見る　アップロード　ランダムな例を使う

"M" は変数とする | 代りに 単位 とする

入力

$M \times 127 = 2^{127} - 1$

結果

$127\,M = 170\,141\,183\,460\,469\,231\,731\,687\,303\,715\,884\,105\,727$

この計算が「素数探査の最後の手計算」と言われています。

$$M_{127} = 2^{127} - 1 = 170141183460469231731687303715884105727$$

$$M_{31} = 2^{31} - 1 = 2147483647$$

上の式はエドゥアール・リュカによる「12番目のメルセンヌ素数」、下の式がオイラーによる「8番目のメルセンヌ素数」です。オイラーも手計算で導いています。

オイラーの「無限和」をもとに、「素数定理」は1760年に次のように示されました。

$$\lim_{x\to\infty}\frac{\pi(x)\log_e x}{x}=1$$

ここでの「$\log_e$ x = ln x (自然対数)、eはネイピア数」です。「1からxまでの自然数の中の素数の個数」を探る定理です。この後、再びガウスなどによっても証明されています。

また、オイラーは「ある関数が素数と深く関係している」ことを発見します。

$$\frac{2^2}{2^2-1}\times\frac{3^2}{3^2-1}\times\frac{5^2}{5^2-1}\times\frac{7^2}{7^2-1}\times\frac{11^2}{11^2-1}\times\cdots$$

$$\zeta(s)=\sum_{n=1}^{\infty}\frac{1}{n^s}\prod_{p:\ prime}\frac{p^s}{p^s-1}\qquad(s>1\text{: 実数})$$

という式が「オイラー・ζ(ゼータ)関数」というものです(prime：素数)。

これは、ベルヌーイ試行で知られる兄のヤコブ・ベルヌーイ(Jakob Bernoulli、1654-1705)と、微分の平均値定理の発見者である弟のヨハン・ベルヌーイ(Johann Bernoulli、1667-1748)」の兄弟が、提議した「バーゼル問題」(Basel problem)として知られていたもので、

$$\frac{1}{1^2}+\frac{1}{2^2}+\frac{1}{3^2}+\frac{1}{4^2}+\frac{1}{5^2}+\ldots=?$$

という「無限級数の和」を求める問題をオイラーは、自然対数のマクローリン展開した式を利用して「?≅1.644934…(オイラーはこの数値に見覚えがありました)」の収束値を得ます。

「ζ」は英語の「z」にあたります。複素数は「$z=x+yi$」で表わします。「z：複素数、x, y：実数、i：虚数」です。

これが、やがてオイラーは「このバーゼル問題の収束値 ➡ $\pi^2/6$ (1.644934…)」である核心に迫ります。これが先の「オイラー・ζ関数を使った素数定理」に結びついたのです。ここで、とても重要な示唆は「π」が現れたことにより「無限級数の和の先にあり、それが円になるという風景」が見えたことです。

「π」が燦然と輝きを放った瞬間でした。

さて、その後、リーマン(Georg Friedrich Bernhard Riemann、独、数学者(リーマン積分等)、1826-1866)は、素数定理には「素数の個数$(\pi(x))$＝最初の式を割り戻した$(x/\log_e x)$＋誤差」で「誤差項」があることに、不満を持ちました。厳密性に欠くからです。

そこで、リーマンは「複素数の世界」までも取り込み挑みます。

$$\zeta(s)=\sum_{n=1}^{\infty}\frac{1}{n^s}$$

$$\zeta(\alpha)=0$$

$$\alpha=\frac{1}{2}+it \quad (\text{素数域})$$

ここで、「α：ゼータ関数の0点」です。とても難解で分かり難いのですが、次のように図で考えてみましょう。「s」は複素数、「i」は虚数です。「t」は虚部の軸線上のtです。

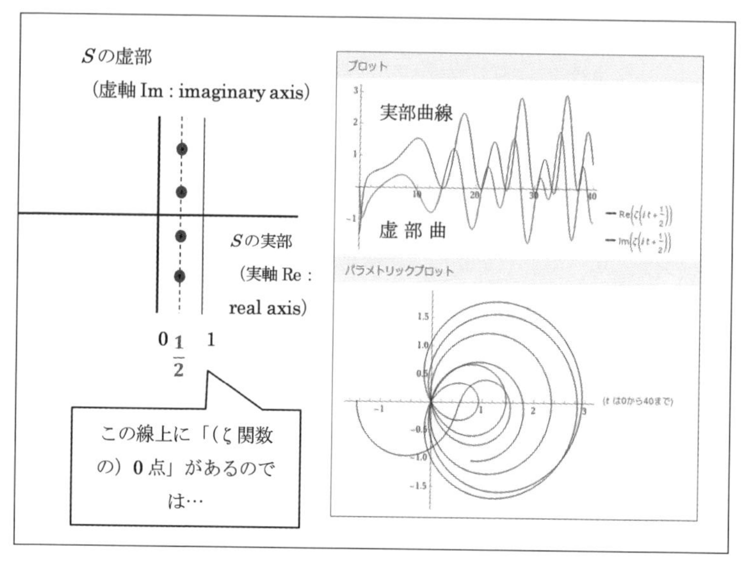

図24-3　リーマンζ関数の複素平面上での出現：出典；https://club.informatix.co.jp/?p=4113
（右図はWolfram Alphaの計算知能で計算させたもの、特に右図下は迷宮のように見えます）

図24-3の左は、リーマン予想の意味とも呼ばれるリーマンζ関数のグラフで、右は、計算知能と呼ばれるソフトでリーマンζ関数を計算させたものです。

図24-3で「実部曲線と虚部曲線の交点がリーマンゼータの0点」と呼ばれるものです。

「素数の出現の規則性」は、リーマンゼータの0点が直線上に並んでいる

これが、「リーマン予想」で、現在まで多くの数学者がこの証明に挑みましたが、現在も証明はなされていません。

ナッシュ均衡でノーベル賞を受賞した天才ジョン・ナッシュ (John Forbes Nash Jr. 、1928-2015) や、同じく天才アラン・チューリング (Alan Mathison Turing、1912-1954) なども挑みましたが、成功はしませんでした。他にも多くの数学者が挑み、多くが挫折を味わうという「魔物が棲む不思議な迷宮」に踏み込んだように、人生そのものも、狂わせかねないのが、この「リーマン予想」と言われています。

現在でも証明はなされていませんが、その過程では、「リーマン予想は量子の世界まで広がっている」というように言われており、逆に、この予想が解けて「巨大な素数までも解決」されれば、現在の金融の「暗号化」は崩壊するのではないかと考えられています。

素数の応用は、「暗号化」で特に有名です。1977年に「ロナルド・リン・リベスト (Ronald Linn Rivest、米、暗号研究者、1947-)」、「アディ・シャミア (Adi Shamir、イスラエル、暗号研究者、1952-)」、「レオナルド・マックス・エーデルマン (Leonard Max Adleman、米、暗号研究者、1945-)」の3人によって「RSA暗号(3人の名前の頭文字)」が生まれました。

この暗号は「フェルマーの小定理」(Fermat's little theorem) によって構築されています。

フェルマーの定理と区別するために「小定理」と呼ばれています。

$$a^{p-1} \equiv a(mod\ \ p) \qquad a^{p-1} \equiv 1\ \ (mod\ \ p)$$

「p：素数、a：整数」が左側で、右側は「pを素数とし、aをpの倍数でない整数でaとpは互いに素」としたときの式です。

modは、$7 \equiv 5\ (\mathrm{mod}\ 2)$：7を2で割った余りと5を2で割った余りは1で同じという合同式です。

つまり、「aのp-1乗をpで割った余りは1」という定理ですが、この定理を応用し、「公開鍵と秘密鍵」を作成し、大きな桁の素数の組を生成するというものです。

この方法によって膨大化された「暗号コード」が生まれ、現在の最速のコンピューターでも膨大な計算時間が掛かり、解くことのできない「暗号コード」が生まれ、多くの重要な金融などでセキュリティ保持のために応用されています。

Wolfram言語(計算知能)

数学のソフトウェアに「Mathematica」というのが1988年にリリースされ多くの学生、院生、技術者、研究者に愛用されています。

その後、AIと組み合わせて2009年にWolfram言語と呼ばれる「Wolfram Alpha」が提供されています。

このWolfram言語は創始者のStephen Wolframに因んでいるものですが、日本語向けサービスもあり、一部は無償で使用することができます。

Web上で探せばすぐに見つかります。今回の「Zeta関数」もこのフリー版(未登録でも使用可)を使って描画しています。

図24-4　データ入力欄(問題を入れて右ボタンクリック)

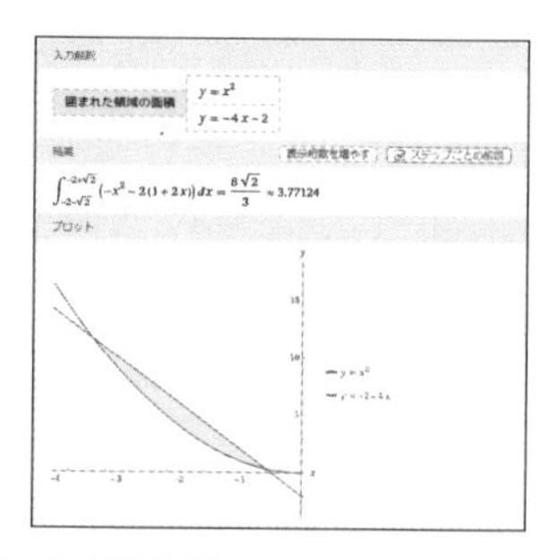

図24-5　出力欄(関数の区間の面積を積分で求める)

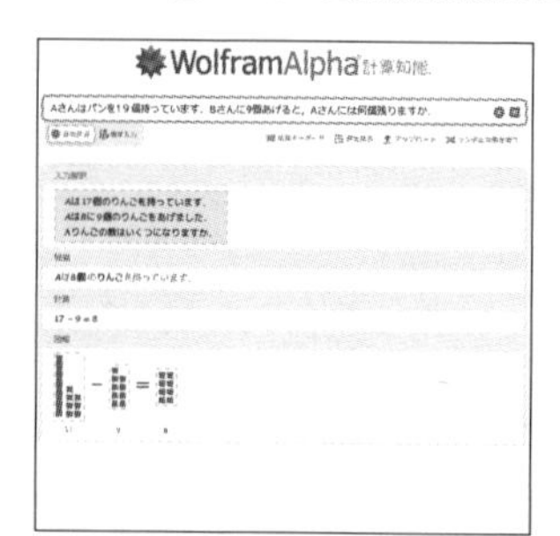

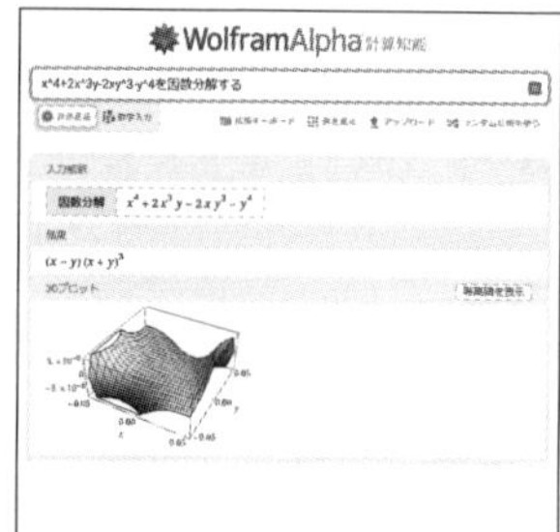

図24-6　文章問題や因数分解などさまざまな数学の問題が解ける
(数学以外にも物理・化学・社会科学など多くの問題でAIが駆使されて解けます)

第25夜
美しさへの憧れ 黄金比と白銀比、そしてフィボナッチ数列の話

「美しいものへの憧れは、人間がもつ意識の他にも、宝石が美しいとか、景色が美しいとか、さまざまなシーンで出てきますよね」と、シエラザードは王様に語り掛けました。

王様は、うんうんと頷き、話の続きに耳を傾けています。

この美しさにある「比率」があるのではと、多くの画家、彫刻家、建築家、そして数学者などが模索をしますが、正式に文献に記載されたのは、1835年のマルティン・オーム(Martin Ohm、独、数学者、1792-1872)の「初等純粋数学」で「比率」が登場したと言われています。彼は、オームの法則で知られるゲオルク・オーム(Georg Simon Ohm、独、物理学者、1789-1854)の弟です。

先に、良く知られる「黄金比」ですが、これは、現在では「名刺」のタテとヨコの比率としても使われています。初めて知ったという方も多いのではないでしょうか。

*

時代は昔へ遡ります。ピラミッド(Pyramid)はエジプトや中南米に見られる「巨石建造物の総称：Pyramid」で古代エジプト(紀元前3000年頃～紀元前30年頃)のプトレマイオス朝がローマによって滅ぼされるまでに多くが発見されています。

実は、このピラミッドには、「黄金比と黄金数」が隠されています。

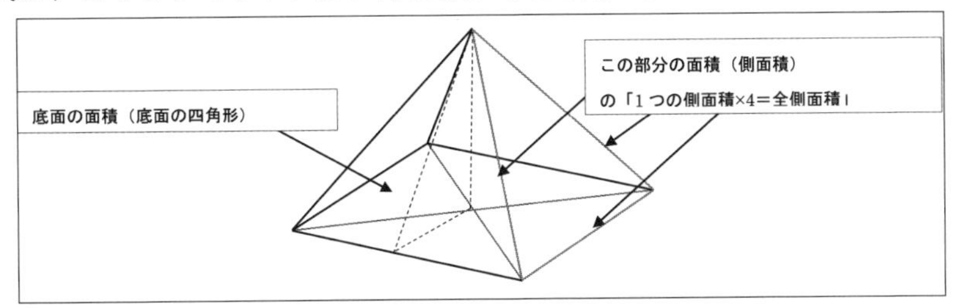

図25-1 ピラミッドに潜む黄金比

先のピラミッドの図から、底面をもとに、全側面の割合を求めてみます。

ただし、ピラミッドによって、各数値が異なります。さまざまな積み重ねによって最終的には下のようになってきたと言われています。

$$\frac{\text{4つの側面積の合計}}{\text{基準となる底面積}}=\varphi=\frac{1+\sqrt{5}}{2}$$

$=1.618033988749894848204586834365638117720309179805762862135\ldots$

この分割を「黄金比(golden ratio)」と呼んでいます。この計算結果の「1.61803…」が「黄金数(golden number)、ϕを使います」と呼ばれるものです。

この黄金比は、ピラミッドの建設では、何度も作られていくうちに、「黄金比」に近くなったと言われています。ピラミッドが安定的であるという点で、注目された「比率」と言われていますが諸説はいろいろあるようです(黄金数は $x^2-x-1=0$ の正の解です)。

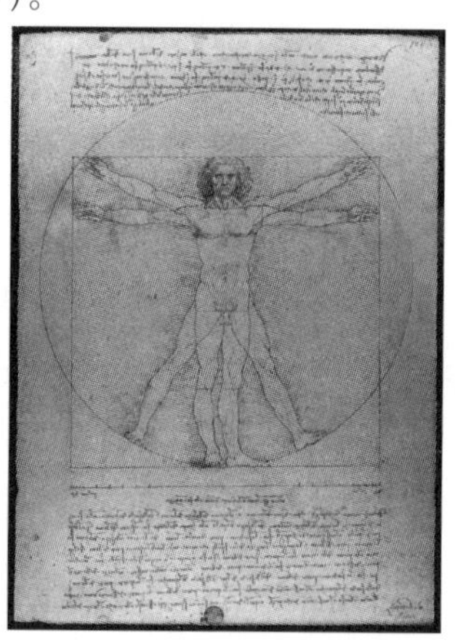

図25-2　レオナルド・ダ・ヴィンチのウィトルウィウス的人体図
(出典：Wikipedia ウィトルウィウス的人体図、1490年頃)

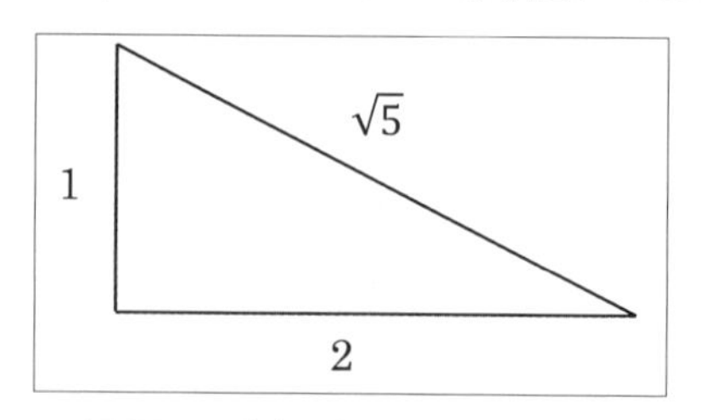

図25-3　直角三角形を使った黄金比

黄金比は、古代ギリシャのペイディアス(Pheidias、古代ギリシャ、彫刻家(パルテノン神殿等)、紀元前490年頃-紀元前430年頃)が初めて使ったとされ、レオナルド・ダ・ヴィンチ(Leonardo da Vinci、伊、芸術家、1452-1519)の「ウィトルウィウス的人体図」では、さまざまに模索していたことが伺い知れます。

また、絵画では、ジャック＝ルイ・ダヴィッド(Jacques-Louis David、仏、新古典主義の画家、1748-1825)の「レカミエ像(夫人が長椅子に横たわる構図)」では、この黄金比の直角三角形の中に納まるように構図が「安定的に見える」ように作られたと言われています。

この「黄金比」は、人の感性から「安定的で、もっとも美しい比率」と呼ばれています。

また、日本では「白銀比(または大和比)：silver ratioでτ(タウ)を使います」とも呼ばれる比率が使われていて、法隆寺の五重塔が知られています。「$1:\sqrt{2}$」という比率です。印刷用の用紙で「A規格(A版)のドイツ方式」と「702年の正倉院文書の頃から使われた美濃紙に使われていたB規格(B版)」がありますが、B版は「白銀比」によって作られています(白銀数は$x^2-2x-1=0$ の正の解です)。

この他にも、「青銅比(1：(3+$\sqrt{13}$ / 2)：青銅数は$x^2-3x-1=0$ の正の解です)」、「プラチナ比(1：$\sqrt{3}$)」、「第2黄金比(1：(3+$\sqrt{5}$ / 2))」などがあります。

○ フィボナッチ数列登場

美しさを探求するさまざまな試みは、1202年にフィボナッチ(Leonardo Fibonacci、伊、数学者、1170年頃-1250年頃)の「算盤の書(そろばんの書、Liber Abaci)」の中に出てくる数列が、「フィボナッチ数列(Fibonacci sequence)」として知られるようになりました。

もともと、この書は、アラビア数字のシステムをヨーロッパに導入したことで知られています。その数列とは、次のような並びのある数字です。

表25-1　フィボナッチ数列と黄金比

														1	÷	1	=	1.0000
														2	÷	1	=	2.0000
1	+	1	=	2										3	÷	2	=	1.5000
		1	+	2	=	3								5	÷	3	=	1.6667
				2	+	3	=	5						8	÷	5	=	1.6000
						3	+	5	=	8				21	÷	13	=	1.6154
								5	+	8	=	13		34	÷	21	=	1.6190
														55	÷	34	=	1.6176
1	1	2	3	5	8	13	21	34	55	89	144	233		89	÷	55	=	1.6182

表の右側のように、隣り合う数字を割り、その比率を求めていくと、「黄金比(1.618…)」に近づいて行くのが分かります。フィボナッチの数列は、次のように「漸化式」で表わすことができます。

$$\begin{cases} F_0 = 0 \\ F_1 = 1 \\ F_{n+2} = F_n + F_{n+1} \ (n \geq 0) \end{cases}$$

実は、この数列に現れる数は、自然界の「花びらの数」にあることが知られています。

「3枚：ユリ、アヤメ等」、「5枚：サクラソウ、キンポゲ等」、「8枚：コスモス等」、「13枚：コーンマリゴールド等」、「21枚：チコリー等」、「34枚：オオバコ等」などが知られています。美しさの中には何か「神様が与えてくれた神秘の比」があるのかもしれません。

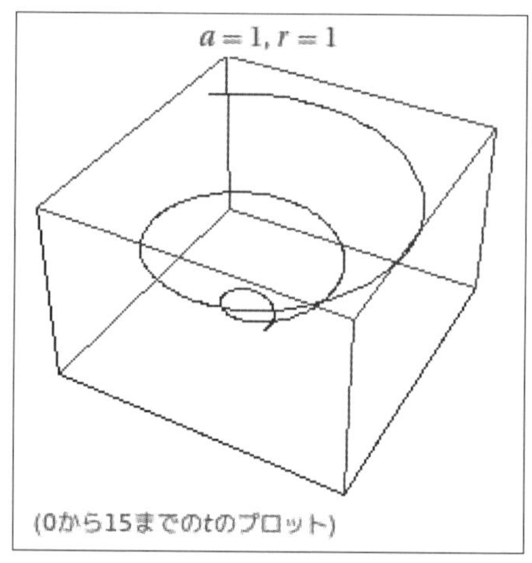

図25-4 「Wolfram Alpha」で求めたフィボナッチ数列の「円錐螺旋」

この黄金比やフィボナッチ数列の円錐螺旋は、ミロのヴィーナス像(ヘソを起点として1：1.618)やモナ・リザ(1：1618の螺旋)にも取り入れられていることが分かっています。

第26夜
「隠れた次元の話」

今宵は、「あるものとあるものの間にある力」という「場」の考え方から、「生物と生物の間にある場(隠れた次元：Hidden Dimension)」の話をしましょう。

＊

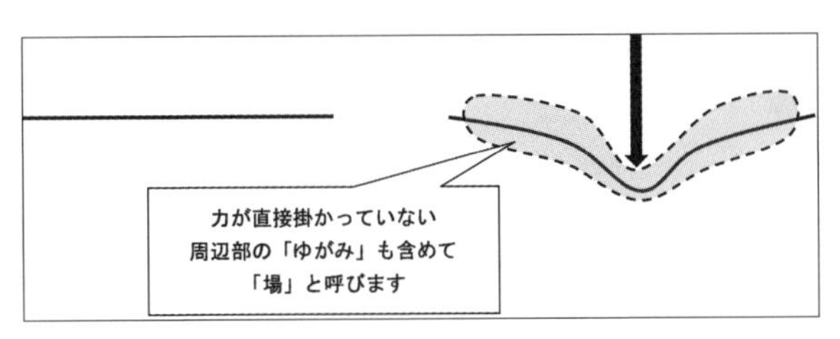

図26-1　「力の場」：左は「力なし」右は「力あり」

図26-1の左は、「どこにも力が掛かっていない状態」、右は、「ある力が掛かって、トランポリンのように、周辺部も巻き込み力が掛かった状態」です。

すでにお話しした「電場と磁場の2つの世界を統一したマクスウェルの電磁場方程式」のときにお話しした「場」というものの考え方です。

磁石を少し離して置くと、そこに改めて力を加えなくても「引き付ける力と離す力が存在」していました。その物体の間に働く「力」を「場の力」という話でした。

実は、1966年にエドワード・ホール(Edward Twitchell Hall, Jr.、米、文化人類学者、1914-2009)の「隠れた次元(Hidden Dimension：邦語訳は1970年)」の著書の中で、はじめて「対人距離」の具体的な観察から、「近接するさいには、ある距離が存在する」ということを示しました。

この距離には、「密接距離(愛、格闘、慰め、保護の距離)」、「個体距離(相手に接することのできる距離)」、「社会距離(会話する距離)」、「公衆距離(何かがあれば相手を知覚できていて逃避ができる距離)」という4つの距離があることを、動物や人の観察等によって位置付けを行いました。

非常に興味深い「人との距離に関する指標」ですが、特に数理的な理論式を提唱している訳ではありません。

そこで、イメージをより鮮明にするために、「計算知能のWolfram Alpha」によって、図化をしてみました。

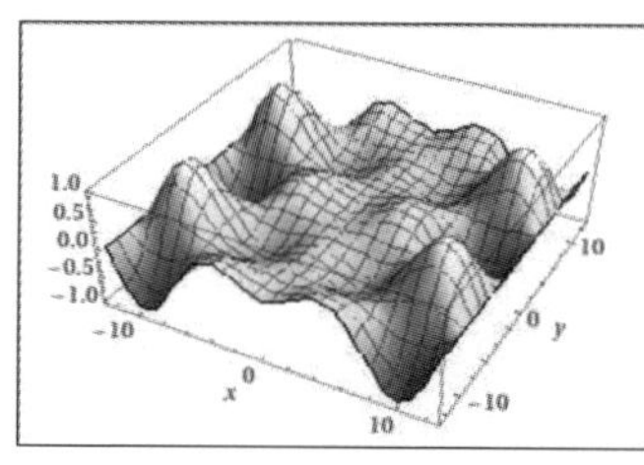

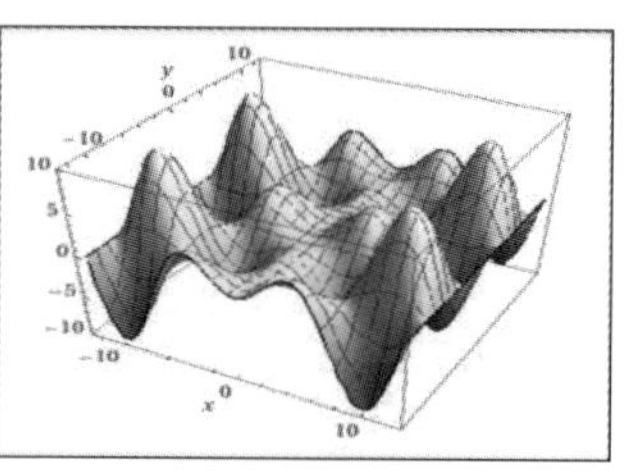

図26-2　「Wolfram Alpha」を使った「隠れた次元」の反応イメージ

図の左側は、平時の状態として考えます。右は、「何かが近づいてきたときの感覚のイメージ」です。右の方が、「何かに敏感になっている様子」を伺い知ることができます。

使用した式は「$f = ax \times \{\sin bx \times \cos cy\}$」として入れてありますが、この式は、単にグラフ化するためのイメージ作りに利用した式ですので、隠れた次元のモデル式という訳ではありません。人の感情などをヒントに作った式です。

ただ、動物には、こうした「何かが近づく」ことで、感覚が敏感になり、「隠れる」、「逃げる」などの行動に移ります。

このように、動物には、生存、あるいは群れを成していく社会では、「距離が存在」することを示した意義は大きいと言えます。

つまり、「直接的な力」でなくても「2以上の個体には場の力が存在する」という点で、大きな功績であるということです。

また、現在では、「機械学習・AI」によって、ある程度のデータを取得できれば、どのような状態であれば、どんな空間を形成しているのかを調べることができます。パッケージ型やプログラム型のソフトウェアは多くあるので、トライするのも面白いのでは。

第27夜
いまだに解けない「ゴールドバッハ予想」と「ウラムの螺旋」

「今宵も素数のお話をしましょう」と、シエラザードが言うと、シャハリヤール王は、
「また、素数の話しか…」と、少々不満げです。

その横顔を見て、シエラザードはためらうことなく話を始めました。

＊

素数というのは、「1とそれ自身の数でしか割り切れない自然数」のことでした。しかし、これはよくよく考えてみると、とんでもない事を意味しています。「誰にも支配されないたったひとつの数」とも言えるのです。

「ほ、ほぉ～。誰にも支配されないと、な…。無限への憧れか…」姫の顔を見つめて、今度はさも満足そうに頷きました。

ただ…、それらの素数がいくつも集まっていくと、「何か、もっと大きな支配する力が存在しているらしいのです」と話を進めました。

それがいまだに解けていない多くの難問があり、多くの数学者を悩ませ続けているのです。

これからお話する「ゴールドバッハ予想」も、素数にまつわる難問の1つです。

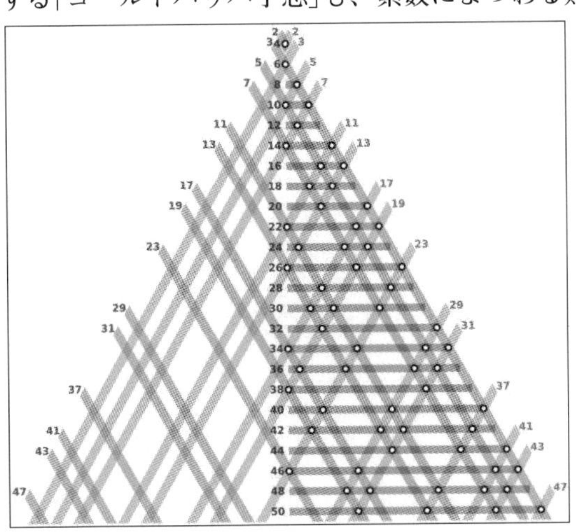

図27-1　ゴールドバッハ分割
(出典：Wikimedia Commons；Goldbach partitions of the even integers from 4 to 50 rev4b.svg)

ゴールドバッハ予想は、クリスティアン・ゴールドバッハ(Christian Goldbach、、1690-1764)が、1742年にレオンハルト・オイラーへ宛てた書簡の中で記載したことに因んでいます。

図27-1は、左と右の斜めの部分に素数があり、中央部はその合計です。

そして、下の**表27-1**は、「2から60までの数値を素数の合計ができる組」を表しています。

この区間での素数は、「3,5,7,11,13,17,19,23,29,31,41,43,47,53,59」です。

表27-1 ゴールドバッハ分割の数値順組み合わせ(2から60まで)

2
4
6 = 3 + 3
8 = 3 + 5 = 5 + 3
10 = 3 + 7 = 5 + 5 = 7 + 3
12 = 5 + 7 = 7 + 5
14 = 3 + 11 = 7 + 7 = 11 + 3
16 = 3 + 13 = 5 + 11 = 11 + 5 = 13 + 3
18 = 5 + 13 = 7 + 11 = 11 + 7 = 13 + 5
20 = 3 + 17 = 7 + 13 = 13 + 7 = 17 + 3
22 = 3 + 19 = 5 + 17 = 11 + 11 = 17 + 5 = 19 + 3
24 = 5 + 19 = 7 + 17 = 11 + 13 = 13 + 11 = 17 + 7 = 19 + 5
26 = 3 + 23 = 7 + 19 = 13 + 13 = 19 + 7 = 23 + 3
28 = 5 + 23 = 11 + 17 = 17 + 11 = 23 + 5
30 = 7 + 23 = 11 + 19 = 13 + 17 = 17 + 13 = 19 + 11 = 23 + 7
32 = 3 + 29 = 13 + 19 = 19 + 13 = 29 + 3
34 = 3 + 31 = 5 + 29 = 11 + 23 = 17 + 17 = 23 + 11 = 29 + 5 = 31 + 3
36 = 5 + 31 = 7 + 29 = 13 + 23 = 17 + 19 = 19 + 17 = 23 + 13 = 29 + 7 = 31 + 5
38 = 7 + 31 = 19 + 19 = 31 + 7
40 = 3 + 37 = 11 + 29 = 17 + 23 = 23 + 17 = 29 + 11 = 37 + 3
42 = 5 + 37 = 11 + 31 = 13 + 29 = 19 + 23 = 23 + 19 = 29 + 13 = 31 + 11 = 37 + 5
44 = 3 + 41 = 7 + 37 = 13 + 31 = 31 + 13 = 37 + 7 = 41 + 3
46 = 3 + 43 = 5 + 41 = 17 + 29 = 23 + 23 = 29 + 17 = 41 + 5 = 43 + 3
48 = 5 + 43 = 7 + 41 = 11 + 37 = 17 + 31 = 19 + 29 = 29 + 19 = 31 + 17 = 37 + 11 = 41 + 7 = 43 + 5
50 = 3 + 47 = 7 + 43 = 13 + 37 = 19 + 31 = 31 + 19 = 37 + 13 = 43 + 7 = 47 + 3
52 = 5 + 47 = 11 + 41 = 23 + 29 = 29 + 23 = 41 + 11 = 47 + 5
54 = 7 + 47 = 11 + 43 = 13 + 41 = 17 + 37 = 23 + 31 = 31 + 23 = 37 + 17 = 41 + 13 = 43 + 11 = 47 + 7
56 = 3 + 53 = 13 + 43 = 19 + 37 = 37 + 19 = 43 + 13 = 53 + 3
58 = 5 + 53 = 11 + 47 = 17 + 41 = 29 + 29 = 41 + 17 = 47 + 11 = 53 + 5
60 = 7 + 53 = 13 + 47 = 17 + 43 = 19 + 41 = 23 + 37 = 29 + 31 = 31 + 29 = 37 + 23 = 41 + 19 = 43 + 17 = 47 + 13 = 53 + 7

つまり、

すべての2よりも大きな偶数は2つの素数の和として表すことができるこのとき、2つの素数は同じであってもよい

というのが、「ゴールドバッハ予想」(Goldbach's conjecture)です。

2015年にポルトガルのアヴェイロ大学のTomás Oliveira e Silvaの「Goldbach conjecture verification（証明）」の論文で、「4×10^{18}」まで成立することが示されていますが、完全に証明がなされた訳ではありません。

また、ゴールドバッハ予想に出現する数を、たとえば「もととなる偶数を10とした場合は、3+7、5+5、7+3 の3通り」であるので、これを「$y=g(E)$ $(E>2)$」というゴールドバッハ関数を用いると、「$g(10)=3$」というように記述できます。

この関数をタテ軸に「y」、横軸に「even integer x（偶数の整数）」をとって図化しますと、**図27-2**のような「彗星を描いた」ように無限に広がっていくように見えます。

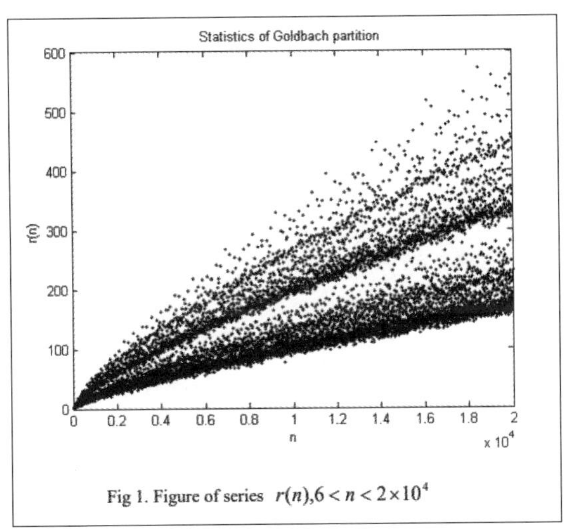

図27-2　ゴールドバッハ彗星
（出典：Wang Liang , Huang Yan , Dai Zhi-cheng：Fractal in the statistics of Goldbach partition）

彗星が走り抜けるようにとてもきれいで不思議な世界が広がっているのが分かります。

このゴールドバッハ予想も現在も完全な形で証明されてはいません。ただし、条件を付けた「弱いゴールドバッハ予想」は多くの数学者によって証明はなされています。

*

素数の出現を2次元平面上に簡単なルールのもとに並べて、素数の出現を可視化しようという試みが、スタニスワフ・マルチン・ウラム（Stanisław Marcin

Ulam、、1909-1984）によって、素数パターンという「ウラムの螺旋」（Ulam's Spiral）が発見されました。

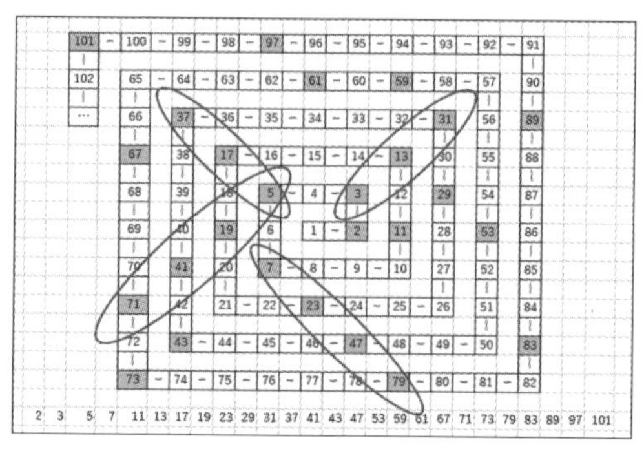

図27-3　ウラムの螺旋

図27-3の螺旋からは、斜め45°上に素数が出現した様子が見出せます。これを非常に大きな数まで拡大していくと、やはり斜めにきれいに素数の出現する様子が出てきます。

また、図中の下の段は、「2から101までの素数」です。

ウラムは、1935年に天才ジョン・フォン・ノイマンの招きによって、米国の数学会の聖地とも言えるニュージャージーのプリンストン高等研究所（Institute for Advanced Study）に行きますが、1943年からはロスアラモス国立研究所の「マンハッタン計画」（Manhattan Project）に参加し、水素爆弾の基本機構を創案します。

原爆のおよそ1000倍の威力をもつとされ、地球をも破壊しかねない恐ろしい道具が生まれたのです。

＊

「…素数の探求は無限への探求のようじゃが…、その無限というのは、ときに恐ろしいものを生み出してしまうのじゃな」と、王様が髭をしごきながら遠くを眺めています。

「無限というのは、いつまでもきりのない世界のようですね。遠く東方の日本には、（10^{64}、または、10^{80}とも）というとてつもなく大きな数の世界を「不可思議（ふかしぎ：思議すべからず）」というのが、ありますのよ」と、つぶやきました。

「これ以上は、考えてはならぬ…と、いうことじゃな」と王様は納得したようです。

シエラザードも妹のドニアザードも王様と共にいつまでも遠くの星を眺めていました。

第28夜
宇宙際タイヒミューラー理論とABC予想

数学の世界は、現在も進化し、奥行きをどんどん深めています。今宵は、「ABC予想が証明された」という現在でも、その証明の難解さから、かなりの数の数学者さえも悩まし続けている話をしましょう。

＊

京都大学数理解析研究所の望月新一教授が、2012年8月30日の京都大学公式Web上で、2020年4月に「ABC予想を証明した」という論文が正式に発表されました。

この証明に望月新一は「宇宙際タイヒミューラー理論」という新しい理論を提唱しました。

この話題は、瞬く間に世界中に広がり、2022年時点でも数論を専門領域とする数学者には期待を寄せる学者や疑問を呈している学者も混在している状況にあります。

「ABC予想」とは、「a、b、c」という互いに「素」である整数があるとき、

$$a+b=c$$

$$a\times b\times c=abc$$

$$c<\mathrm{rad}(abc)^{1+\varepsilon}$$

正しくは、 $\dfrac{c}{\mathrm{rad}(c)}<\mathrm{rad}(abc)^{1+\varepsilon}$

となるのは「まれにしか起こらない（という予想）」で、「a+b=c」の順に捉えて「ABC予想」と名付けられました。

この際に、「$\varepsilon\to 0, k(\varepsilon)=1$」と考えた場合には、上の式の指数部分はなくなります。

つまり、「足し算＞掛け算」ということが（まれに）起き、普通は「足し算＜掛け算」の方が圧倒的に多いという予想です。

※ここで使う「rad」は、「radical」（根基（こんき））から来ています。
角度を表わす単位の「rad」（radian：放射）と区別するため、筆記体表記をする場合もあります。

このときの「掛け算」は、「素因数の掛け算」なので、

$$a\times b\times c=1\times 2^3\times 3^2=1\times 2\times 3=6 \qquad a+b=1+8=9$$
$$a\times b\times c=6 \quad < \quad a+b=9$$

となり、「掛け算よりも足し算が大きい」という「まれに起きたケース」ということになります。

このように、掛け算よりも足し算が大きくなることはまれにしか起きないことであるというのが「ABC予想」です。

参考までに、一般的な記述では「pが素数であるならば、 $\mathrm{rad}(p)=\mathrm{p}$ 」と表記します。

具体的な計算例を示しておきましょう。

$$\mathrm{rad}(8)=\mathrm{rad}(2^3)=2$$

$$\mathrm{rad}(45)=\mathrm{rad}(3^2\cdot 5)=3\times 5=15$$

つまり、素因数の掛け算によって表記する方法です。

○ 宇宙際タイヒミューラー理論(IUT：Inter-Universal Teichmüller Theory)

かなり難解ですが、望月理論は、楕円曲線のアラケロフ理論をp進ホッジ理論の類似理論である「ホッジ・アラケロフ理論(HA理論：Hodge-Arakelov theory)」が、まず望月によって導入された考え方から、大域的な「乗法部分空間」と「生成元」が、存在しないことを「仮に存在する」と仮定することから始まっています。

さらに、HA理論を相異なる正則構造をもつリーマン面の間の擬等角写像のようなものと考えるというアイデアに発展します。これを「同義反復的解決」と呼んでいます。

望月理論は、約600頁の公開論文を19頁の講義ノートとして京大数理研のサイトから世界へ公開しています。いくつものの仮定を立てながら、「通常のスキーム論が有効ではないような‘組み合わせ論的’な設定において、通常のスキー

ム論にヒントを得た構成を行ない、通常のスキーム論をある程度近似すること によって非自明な結果を出す」として「IU幾何の心」として記述しています。

ABC予想をすべての数で証明する、非常に難解とされた予想への証明理論であると言えます。

この証明に、望月新一は「IUT：宇宙際タイヒミューラー理論」という考え方で、次のような空間を提唱しています。

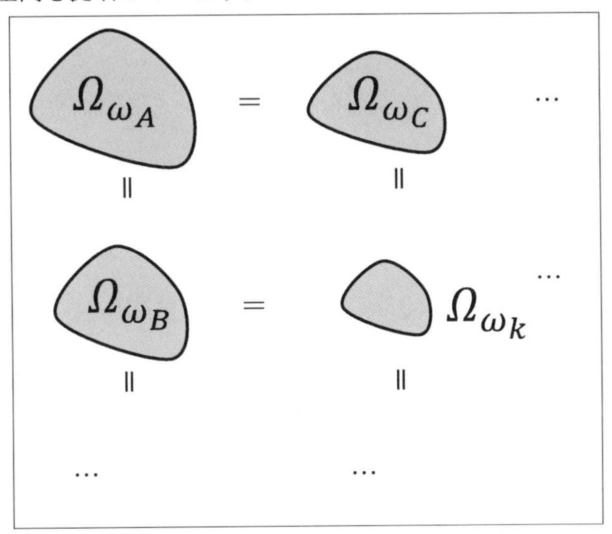

図28-1　宇宙際を捉える際の概念

図28-1の「Ω」は「関数によって構成されている世界（これを宇宙と呼んでいます）」ですが、それぞれの「宇宙は互いに結ばれていて、掛け算の世界（が成立、あるいは成立しない世界）」と「足し算の世界（が成立、あるいは成立しない世界）」とは、「結ばれている（ここでの＝を、際として呼んでいます）」

この「足し算の世界=掛け算の世界」が「足し算の世界≠掛け算の世界」であってもつながっているという主張は、なかなか数学者には「受け入れ難い」ということで、現在も論議がなされています。

ただ、次のような立体も位相幾何学では「双方向のイコール」が成立しています。

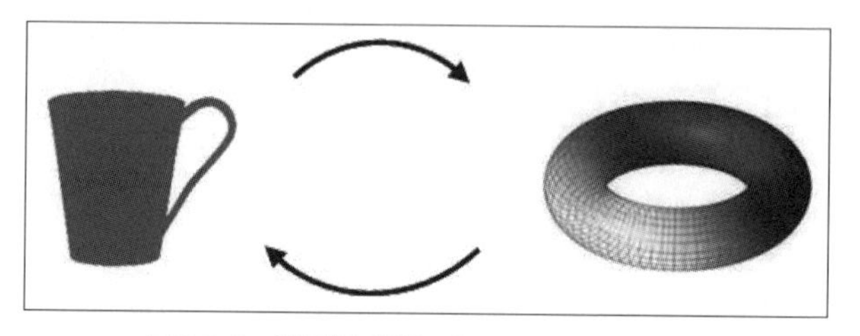

図28-2　位相幾何学（トポロジー；Topology）

この考え方の基本には「リーマン曲面」を使うことで証明を展開しており、そのリーマン曲面は「ハウスドルフ次元外測度」によって定義が可能になっています。かなり難しくて恐縮です…。

図28-3はリーマン面の概念で、1つの空間とそれから別れた空間が存在することで連結可能なハウスドルフ空間として捉えられています。

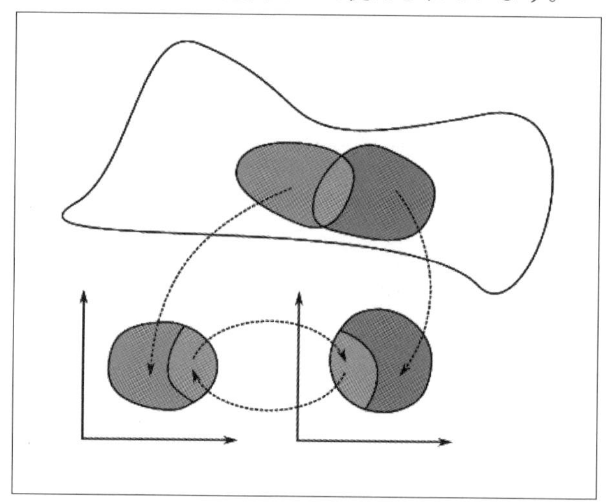

図28-3　リーマン面の概念（出典：Wikipedia リーマン面；Riemann surface）

具体的に、ABC予想で遭遇する「やっかいな概念」について説明をしましょう。

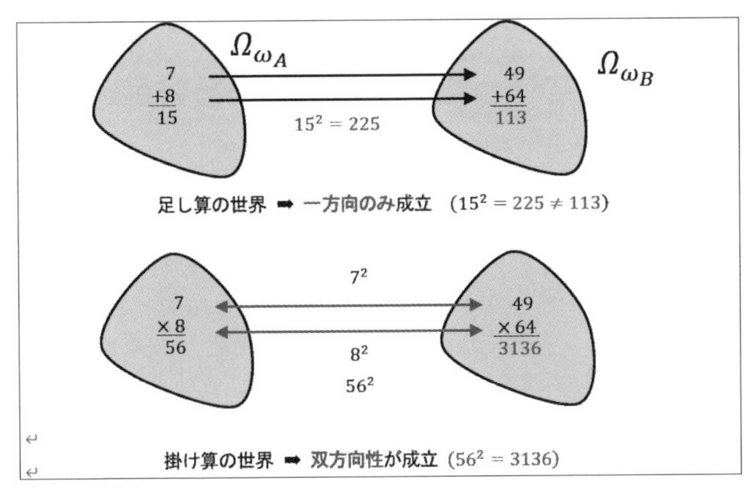

図28-4　宇宙際の世界

上の疑念図でもお分かりのように、数学上重要な公理とも呼べる「足し算＝掛け算の双方向性の世界」が成立していません。望月理論はこの世界を肯定することから始まります。

ここに、多くの数学者たちが頭を抱えている原因があります。特に数論を専門とする学者には、彼らの世界そのものがひっくり返るほどの衝撃であると言えるからなのです。

＊

「どうにも、わしには理解することができんのじゃが…」と、王様は姫に不満げに言いました。

姫は頷いて、「もし、このABC予想が正しいと仮定すると、超難解と言われたフェルマーの最終定理はほんのわずかな式で証明ができてしまいますのよ」と王様に話しました。

「でも、それはまた明晩に」と言って、姫はすやすやと寝入ってしまいました。

第29夜
ABC予想を使ったフェルマーの最終定理の話

数学の予想には、かなりの問題で未解決なものが多くあります。

次の文章は、古代ギリシャのアレクサンドリアのディオファントス(Diophantus、ギリシャ・アレクサンドリア、数学者(代数学の父と呼ばれる)、推定200-214～284-298)の著書「算術(Αριθμητικα)、代数の問題130問とその解、全13巻、16世紀になってラテン語訳で刊行」の「第2巻・第8問」に記載されている欄外の余白に記載されている文章です。やはりラテン語で記されています。

「算術：第2巻・第8問　平方数を2つの平方数の和に表せ」

Cubum autem in duos cubos, aut
quadratoquadratum in duos
quadratoquadratos, et generaliter nullam
in infinitum ultra quadratum potestatem in duos
eiusdem nominis fas est dividere cuius rei
demonstrationem mirabilem sane detexi.
Hanc marginis exiguitas non caperet.

立法数を2つの立方数の和に分けることはできない。
4乗数を2つの4乗数の和に分けることはできない。
一般に、冪(べき)が2より大きいとき、その冪乗数を
2つの冪乗数の和に分けることはできない。

この定理に関して、私は真に驚くべき証明を見つけたが、
この余白はそれを書くには狭すぎる。

図29-1　ディオフォントス「算術、第2巻・第8問」の余白部分へのフェルマーの記載
(出典：Wikipedia フェルマーの最終定理)

この「予想」は、「フェルマー予想」と呼ばれ、

3以上の自然数nにおいて、「$x^n + y^n = z^n$」となる自然数の組「x, y, z」は存在しない

というものです。

「n=2」のときは、ピタゴラスの定理ですね。

これはフェルマー(Pierre de Fermat、仏、数学者(確率論を生み数論の父と呼ばれる)、1607-1665)がディオフォントスの「算術」に書き記した注釈は48あると言われていますが、中でも有名なものが、先の「フェルマー予想」となったものです。

1995年にアンドリュー・ワイルズ(Andrew John Wiles、英、数学者(整数論)、1953-)
がフェルマーの死後、330年たって解けなかった難問を、ワイルズが証明しました。

この証明は、「フェルマーの最終定理(Fermat's Last Theorem)」、あるいは「フェルマー・ワイルズの定理」として現在は知られています。

この証明には、「谷山-志村予想(Taniyama–Shimura conjecture)」の主題である「すべての有理数体上に定義された楕円曲線はモジュラー(モジュラー群という大きな群は対称性をもつ複素解析的函数)である」という「楕円曲線の予想」という予想を一部使ってフェルマーの証明を行っています。

証明を含む2本の論文(129頁)を約7年かけて完遂しています。非常に難解であることは否めません。

＊

非常に難解な証明のフェルマーの最終定理は、先ほど紹介した望月理論のABC定理を使うと、次のようにあっけなく証明が終わります。

「$a=2, b=7, c=9$」として、次のように表記します。

$(a, b, c)=(2, 7, 9)$

$\mathrm{d}=\mathrm{rad}(abc)=\mathrm{rad}(2 \cdot 3^2 \cdot 7)$　素因数順表記

$=\mathrm{rad}(2 \cdot 3 \cdot 7)=42$

ここで、「$d=\mathrm{rad}(abc)$」なので、「$d=2\times3\times7=42$」となり、ABC定理から、
$(c=a+b=2+7=9)<(d=42)^2$

が成立します。

上のように、ABC予想(望月理論によるABC予想が正しいとしたABC定理)では、次のように、高校生のレベルでもフェルマーの最終定理を証明することができます。

背理法で示す。

ある互いに素(注4)な正の整数の組 (x, y, z) が存在して、正の整数 $n \geqq 6$ に対し

$$x^n + y^n = z^n$$

を満たすとすると、(x^n, y^n, z^n) も互いに素となるので、上のABC予想より、

$$z^n < (\mathrm{rad}(x^n y^n z^n))^2$$

を得る。ここで rad の定義を用いると、

$$\begin{aligned} z^n &< (\mathrm{rad}(x^n y^n z^n))^2 \\ &= (\mathrm{rad}(xyz))^2 \\ &\leqq (xyz)^2 \\ &< z^6 \quad (\because 0 < x < z,\ 0 < y < z) \end{aligned}$$

よって、

$$\begin{aligned} z^n &< z^6 \\ n &< 6 \end{aligned}$$

となるが、$n \geqq 6$ に矛盾する。よって、$n \geqq 6$ に対して、

$$x^n + y^n = z^n$$

を満たす正の整数 x, y, z は存在しない。

図29-2　フェルマーの最終定理をABC予想を用いた証明
(出典：高校生向け数学の公式・用語検索サイト「okedic」から)

ここで、「背理法(はいりほう：proof by contradiction)」というのは、「与えられた命題の他に、結論の否定を推論し、そこから発生する矛盾を示す証明方法」のことです。

高等学校の数学で必ず通る「証明の手法」です。

今宵は、「ABC予想」という「望月新一によって証明された」ことによって、「ABC定理」として使うことで、超難解とされた「フェルマーの最終定理」も上のように現役高校生でもトライできるように、多くの横断的な利用が見込まれます。

数学の世界は奥が深いだけでなく、幅が広いのが魅力と言えますね。

第30夜 超難問のコラッツ予想

1つ、面白い問題の話をしましょう。

*

正の整数をたとえば「a」としたときに、

奇数(odd)ならば3倍して1を足す
偶数(even)ならば2で割る

これを有限回繰り返していくと、やがて「1」になる

という問題です。

これをきちんと数式で書くと、

$$a_{n+1} = \begin{cases} 3a_n + 1 & if\ a_n\ is\ odd, \\ \dfrac{a_n}{2} & if\ a_n\ is\ even, \end{cases}$$

という式になります。

たとえば、「30」から始めると下の表のようになり、やがて「1」に収束します。

表30-1　コラッツ問題(Python：Pandas by Jupyter Notebook)

30 ➡	15	46	23	70	35	106	53	160	80	40	20	10	5	16	8	4	2	1

実は、この問題は「コラッツ問題(Collatz problem)」と呼ばれている現在でも未解決の問題として知られています。

これは、ローター・コラッツ(Lothar Collatz、1910-1990)によって1937年に提議された未解決問題です。この問題は、またの名を「3n+1問題」とも呼ばれています。また、ジェフリー・ラガリアス(Jeffrey Clark Lagarias、1949-)は、「非常に難しい問題であり、現代の数学では完全に手が届かない」とまで述べています。

一見簡単そうに見えますが、その奥にある「あるルールを完全に定理として証明」するのは、至難の業と言えるのかもしれません。

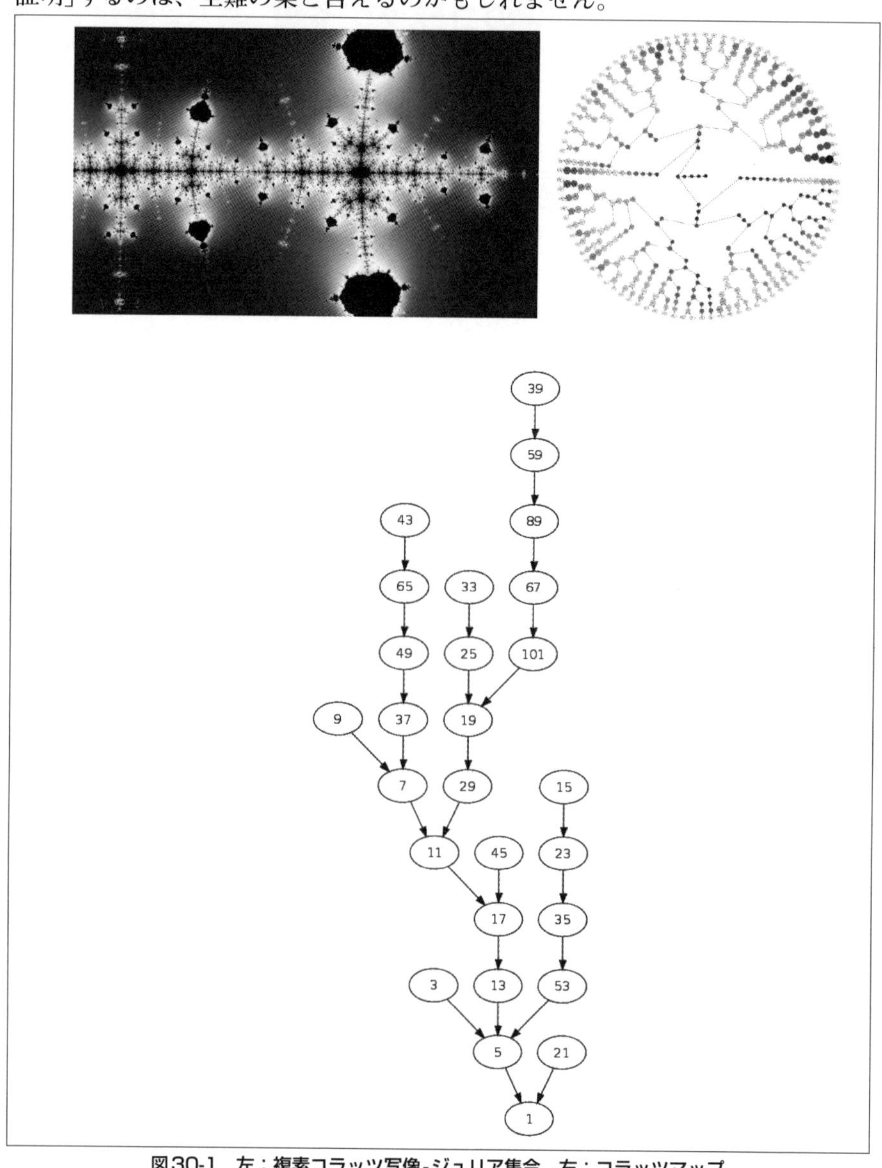

図30-1　左；複素コラッツ写像-ジュリア集合　右；コラッツマップ
下；出典先のギャラリーに掲載されているツリー
出典：Wikipedia コラッツ問題

ただ、この問題は非常に奥が深く、さまざまな数値の出現を図化していくと、**図30-1**の「コラッツマップ」や「複素コラッツ写像-ジュリア集合」のように、「何か、とんでもない世界」が存在しているような感覚にさせられます。

「1」というのは、もっとも基本的な数字ですが、それに何らかの規則を与えると、不思議な世界を形成していきます。その世界は、何か「宇宙」に関わっているのかもしれないという奇妙な錯覚さえ感じます。

第31夜

困ったときのテイラー展開という妙技

現在では、「電卓」というのは、携帯・スマホにも標準で装備され、単品でも100円ショップでも売られており、当たり前のように普及しています。

＊

たとえば、「y = sin x」としたときに、「x = 1」なども簡単に電卓でも求めることができます。では、この「電卓での仕組みはどのようなものであるのか」を説明しなさいとなると、かなりの方が答えに窮してしまうのではないでしょうか。

実は、今では多くが標準電卓機能に付随したものとして、ほとんどの方が気にすることもありませんが、その仕組みは「テイラー展開 (Taylor series)」という「関数をいくつもの級数として分解したもの」を利用しています。

次の図は、「$y=e^x$」を「計算知能のWolfram Alpha」を使ってテイラー展開したものです。検索欄に「e^x のテイラー展開」と入れて計算させています。

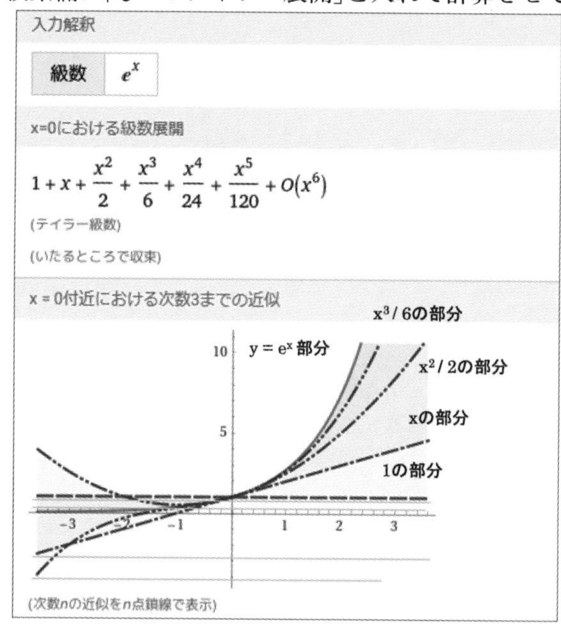

図31-1 テイラー展開(Wolfram Alpha)

もとの関数が、いくつもの多項式で表現されているのが、図を見ると理解できます。
この多項式が集積されて関数が成り立っているのが伺い知れます。

このテイラー展開は、ブルック・テイラー（Brook Taylor、1685-1731）によって1715年に導入されたものです。特に、「0」を中心に展開されたものが、「マクローリン展開」（Maclaurin series）と呼ばれています。

具体的なテイラー展開の定理は、下のように記述されます。

$$f(x)=\sum_{k=0}^{n-1} f^{(k)}(a)\frac{(x-a)^k}{k!}+f^{(n)}(c)\frac{(x-a)^n}{n!}$$

閉区間：$[a, x]$ でn回微分可能な関数をf

また、よく使われる例として下のものがあります「!（factorial）は階乗。たとえば、（3!＝3×2×1＝6）となります」。
なかなか、現実的には応用する場面が少ないのですが、たとえば、数学的に出てきたものを工学的に解析しようとする場合などには、どうしても「無限級数」というものが立ちはだかります。

このような場合は、「近似解析」を行なうので、その際には、テイラー展開やマクローリン展開を使って式の展開をすることがあります。困ったときにとても便利です。

余談ですが、現在の工学、金融学、経済学でも重宝されているものに「フーリエ展開」がありますが、これも「ある関数を複数の多項式で表す」というのも同じ考え方です。

王様は、姫が描いた数式をまざまざと眺め、
「ある何かの変化を捉えるときには、いくつもの何かに分けて考えると、その積み重なりが元の変化なのじゃな？」と聞きました。

「そのとおりですわね」と、姫も嬉しそうに答えました。
いつのまにか、王様は何かを考えるときに抽象的な絵文字にして自分なりに工夫をすることが楽しくなっているようです。

第32夜
「分離」という能力をもつニューラル・ネットワーク

「ニューラル・ネットワーク」の話をしましょう。

＊

はじめは、脳の機能に見られる特性を「分離」という考え方で、計算機によって実現させようとして「形式ニューロン」(Formal Neuron) を1943年にウォーレン・マカロック (Warren Sturgis McCulloch、1898-1969) とウォルター・ピッツ (Walter J. Pitts、1923-1969) が発表したものから「分離という能力を持たせる試み」が始まります。

視覚と脳の機能をモデル化したものを「パーセプトロン」(Perceptron) と呼ばれます。

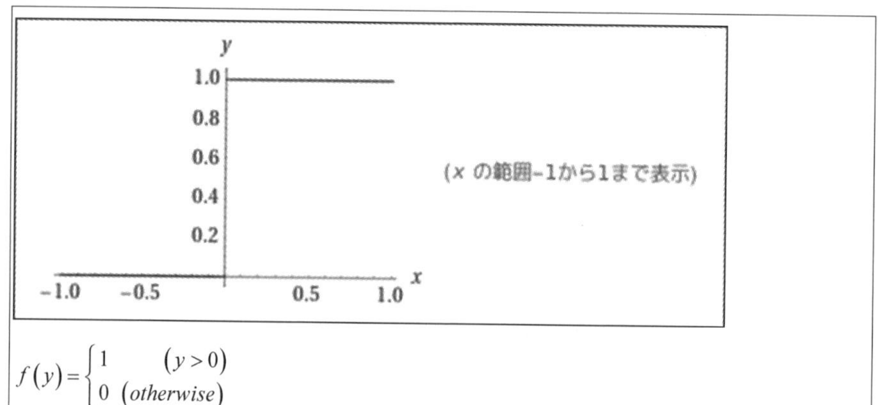

図32-1　形式ニューロンのステップ関数(階段関数)

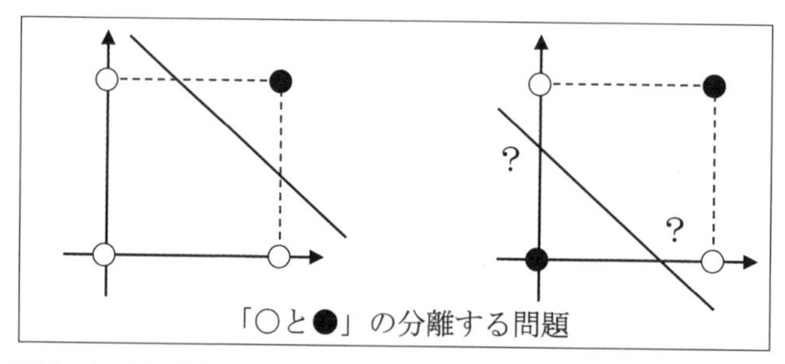

図32-2　左；線形分離可能「論理和(OR)と論理積(AND)；特に分けていません」
右；線形分離不可能「排他的論理和(XOR)」

図32-2の「線形分離可能」は、計算機へ「脳の機能」をもたせることができるかと期待がもたれました。

1956年には、ジョン・マッカーシー(John McCarthy、1927-2011)によって1956年に米国のダートマス大学でのダートマス会議で「人工知能：Artificial Intelligence；AI」という言葉が初めて使われました。

また、1958年には、フランク・ローゼンブラット(Frank Rosenblatt、1928-1971)が形式ニューロンをもとに「パーセプトロン」(Perceptron)を発表します。

しかし、1969年にマービン・ミンスキー(Marvin Lee Minsky、1927-2016)とシーモア・パパート(Seymour Aubrey Papert、1928-2016)によってマカロックとピッツの「単純パーセプトロン」では「線形分離不可能」が指摘され、第1次AIブームは終焉することになります。

その後、1982年には、ジョン・ホップフィールド(John Joseph Hopfield、1933-)によって「連想型ニューラル・ネットワーク」が発明され、「ポップフィールド・ネットワーク」と呼ばれました。

そして、1985年には、ジェフリー・ヒントン(Geoffrey Everest Hinton、1947-)によって「ボルツマンマシン(Boltzmann machine)；確率リカレントニューラル・ネットワークの一種」が発表されました。

また、彼は、2006年に「オートエンコーダ(Autoencoder)；自己符号化器、データの次元を圧縮する方法」、ディープビリーフネットワーク(Deep Belief Networks；多層構造のニューラル・ネットワーク)を提唱しました。

この2006年から、「線形分離不可能問題」で低迷した「AI」の時代は、こうしたさまざまな模索が成果を築き上げて、「深層学習(Deep Learning)」の時代へ入っていきます。

＊

ニューラル・ネットワークへデータがどのように入って、出力されていくのかについて、説明しましょう。

数値データ、文字データ、画像データ、音声データ(音響・振動波)なども実は、同じ流れでデータが入力層(Input Layer)に入っていきます。

EXCELの表を想像してみましょう。縦方向のデータは「列」で、横方向は「行」です。

たとえば、下のように画像データで「5」という手書き等のデータがあったとします。

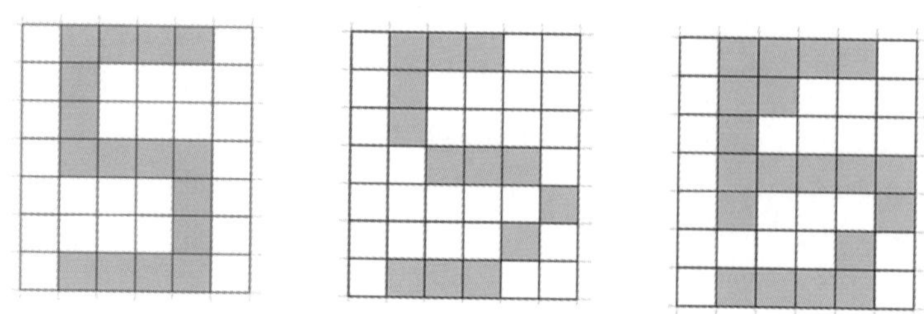

図32-3　ニューラル・ネットワークへ入れる文字のデータ化

図32-3は、横の行を読み、次の段に行き、また横に進んでデータが入ります。

具体的には、白い部分を「0」とし、グレーの部分を「1」とすると、

0,1,1,1,1,0,　0,1,0,0,0,0,　… 0,1,1,1,1,0

という風にデータが入力層に入っていきます。

データは、色の濃さから、15段階や256段階など、いくらでも定義することができます。

これらのデータは入力層の「unit」(Neuron または node とも言います) に順に入っていきます。この1つが画素 (pixels) です。上の図では6列×7行ですので、42画素になり入力層も42になります。

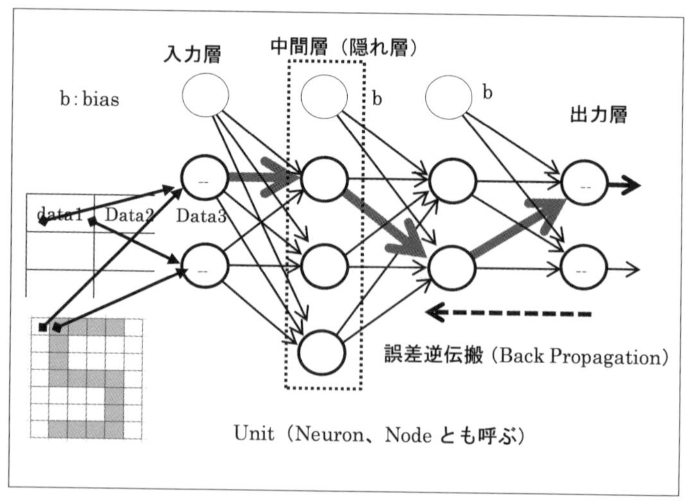

図32-4　Neural Network (Deep Learning) のネットワーク

具体的な方法は、誤差逆伝搬法(Back Propagation法)と呼ばれるものです。1986年にデビッド・ラメルハート(D.E.Rumelhart、1942-2011)らによって提唱されたニューラル・ネットワーク(Neural Network)用のアルゴリズムで、現在でも深層学習(Deep Learning)の一般的な手法というより教科書的な重要な手法と言えます。

現在では、この誤差逆伝搬法をベースに、画像認識の「CNN」(畳み込みニューラル・ネットワーク：Convolutional Neural Network)や文字識別で飛躍的な発展を遂げている「RNN」(再帰型ニューラル・ネットワーク：Recurrent Neural Network)の大きな進展をもとに多くの手法が、加速度的に研究開発が進められています。

実際のニューラル・ネットワークの各項の主な計算過程入りの図を掲載しましょう。

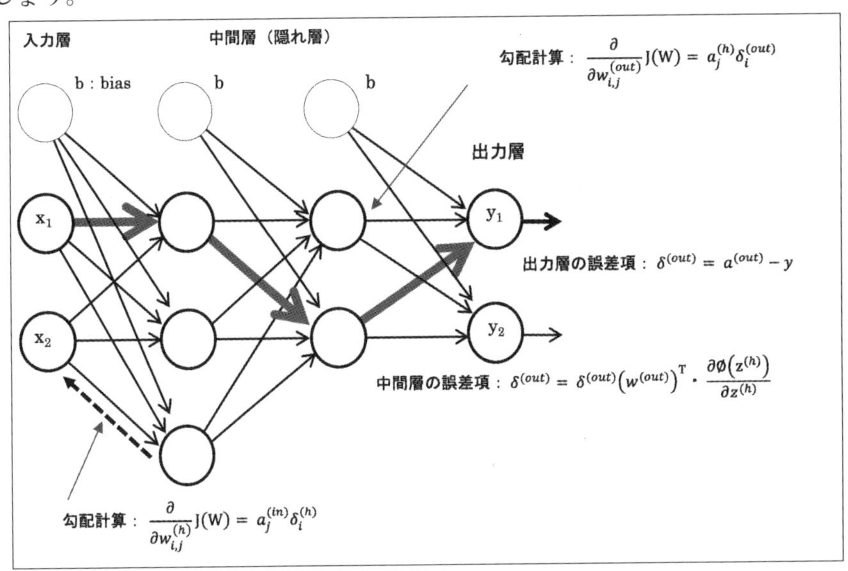

図32-5 Neural NetworkにおけるBack Propagationの各項

太い矢印の部分は、活性化関数によって入力データを誤差の少ない方向へ誘導していくためのものです。一時は「線形分離不可能」を指摘され、長く続いた「AIの冬の時代」は終わり、新たな時代へ舵を大きく切り始めています。

第33夜
問題あぶり出しへ大きく貢献した固有値問題

第2章の最後のお話に、「固有値」という話をしましょう。

*

Excelはよく使われる日常的なツールで、今や使ったことのない人はほとんどいないほど、データサイエンスではその恩恵は計り知れないものがあります。

データサイエンスの基礎骨幹を成すのは統計学ですが、その中でも特に多変量解析では、「主成分分析」などの手法がよく知られています。こうした分析には「特異値分解」という方法が頻繁に使われています。

特異値分解の前に、「多変量解析」について少し触れておきましょう。
多変量解析は、マーケティング、金融、製造などの職種では重要なツールの1つです。大きく分けると「数値データを主体として捉える量的基準」、「質的データを主体として捉える質的基準」になります。

前者は、「回帰分析、クラスター分析、判別分析、主成分分析、因子分析」という大きな分析法があり、後者は、「数量化理論Ⅰ類、Ⅱ類、Ⅲ類、Ⅳ類(他にもⅤ類、Ⅵ類までありますが、Ⅳ類までが主流として使われています」」があります。

量的データは具体的な数値データを扱い、質的データは、「yes ➡ 1、no ➡ 0」などのようにバイナリーデータ (Binary：2つという意味) として扱われ、計算が実行されます。

*

それでは、ここから「特異値分解」について解説をしていきます。

表33-1　Excelで入れられたデータの例

	A	B	C	D	E
1		列1	列2	列3	
2	行1	1	2	3	
3	行2	4	5	6	
4	行3	7	8	9	
5					

上の**表33-1**のExcelのデータを「ひとつのデータの集まり」として考えますと、データの集まりを「A」とします。この個々のデータを「成分」と呼んでいます。

$$A=\begin{pmatrix}1 & 2 & 3\\4 & 5 & 6\\7 & 8 & 9\end{pmatrix} \text{ または、} \begin{bmatrix}1 & 2 & 3\\4 & 5 & 6\\7 & 8 & 9\end{bmatrix}$$

この「データの集まり」を線形代数学では「Aの行列(Matrix)」と呼びます。Matrixは「母なるもの」という意味があります。

表記は、大文字で斜体が用いられます。

行だけや列だけのデータは「ベクトル」(Vector)と言い、小文字の「a、b、c、…」表記を使います。

$$a=\begin{pmatrix}1 & 2 & 3\end{pmatrix} \text{ または、} \begin{Bmatrix}1 & 2 & 3\end{Bmatrix}\text{、}\begin{pmatrix}1\\2\\3\end{pmatrix}\text{、}\begin{Bmatrix}1\\2\\3\end{Bmatrix}$$

現在では、コンピューターで計算を行なわせる場合は、この「行列」はなくてはならない存在です。

行列には、「ベクトル」「マトリクス」(行列)の他に「スカラー」(scalar)があります。これはベクトルが方向性(x軸、y軸)をもつものに対して、「単なる数値」で方向をもたない「値」のことです。

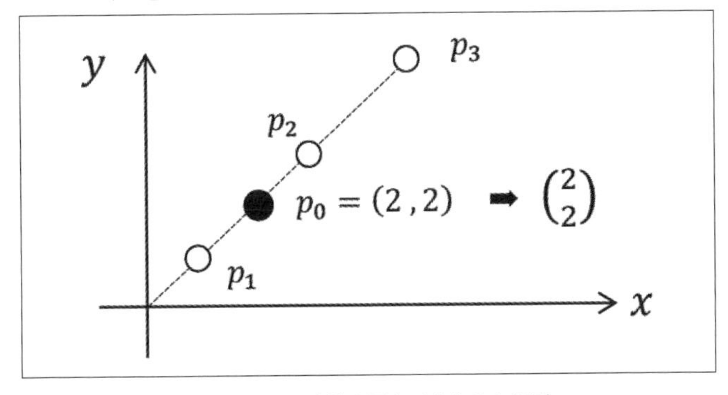

図33-1　固有値と固有ベクトルと行列

上の図33-1は「横軸のx軸」と「縦軸のy軸」です。これは、x軸、y軸というように座標がありますので、「方向性」をもつています。

ここで、図の座標に、「ある係数としてλ」を入れて考えます。

このとき、行列を「A」として「方向性をもつベクトルP」とすると、行列とベクトルを合わせて、「Ap_n」と表現します。さらに「p_2のところを $\lambda=2$」、「p_3のところを $\lambda=3$」、「p_1のところを$\lambda=0.5$」としてみましょう。

$$Ap_1 = 0.5(2 \quad 2) = (1 \quad 1)$$

$$Ap_1 = 2(2 \quad 2) = (4 \quad 4)$$

$$Ap_1 = 3(2 \quad 2) = (6 \quad 6)$$

となります。

この「λ」を「固有値」といいます。

つまり固有値は、元となる行列の係数と考えればイメージがしやすいと思います。

式で表現すると、

$$Ap_n = \lambda_n p_n$$

となります。このときの「Pn」を「固有ベクトル」と呼んでいます。

行列で、左上から右下に一列だけ並べたものを「対角成分に固有値を並べたもの」を「Λ」（ラムダの大文字）を使って

$$AP = P\Lambda$$

と書き直すことができます。

上の式は「行と列が同じ数の正方形」の形の配列をもつています。このような行列を「正則行列」（せいそくぎょうれつ）と呼びますが、行と列が同じということは、縦と横を入れ替えてもデータは同じ性質をもちます。

このように、正則行列では、「逆の行列」が必ず存在します。

これは、「P^{-1}」という「逆行列」として表記でき、さらに、この式を、逆行列を入れて書き直すと、

$$A = P\Lambda P^{-1}$$

というように表現ができます。これを「Aの固有値分解」といいます。

また、実際のデータの世界では、横軸と縦軸のデータ数が同じになることは少なく、横軸のデータ数と縦軸のデータ数が異なる「n行m列」になる方が多いと言えます。

このようなときの、分解を「特異値分解」と呼んでいます。
こうした「固有値」として捉えようという問題が「固有値問題」です。

現在では、データサイエンスの多変量解析だけでなく、「機械学習・AI」の計算過程では、対象の特徴をあぶりだすために、この「固有値」はなくてはならない存在として非常に重要な役割を担っています。

「いろいろなものに、この固有値というものがあるということか？」
「多くも少なくも数字が集まったものをデータと呼びますが、これらを分けて考えるときに、この固有値というのは、とても便利なものなのですね」
「別れたものの中に何か共通になる鍵ということなのか？」
「その通り。この固有値を見つけることで、データの中に潜んでいる様々な特徴を発見することもできるのですね」

まさにとんでもない数学の天才たちが苦労して、涙ぐましい努力をして文明の礎を築くように発展してきたのじゃなぁ。と王様は漏らします。
姫にも、妹のドニアザードにも、王様が記した絵文字は理解できませんでしたが、王様なりに何かの数式を見つけたのかもしれませんね。

第3章

機械学習の発明

第34夜

順問題と逆問題、機械が学習する機械学習

シャハリヤール王は、自分の娘ほどの若い王妃のシエラザードが毎夜してくれる話にすっかり夢中になっていました。

王様の理解を超える話が多いのですが、何か不思議な魔法の話を聞くようで、話を聞かないととても眠れそうにないと自分でも分かっていたのです。

*

姫が寝所に入ってくるなり、「のう、姫よ。わしは、紙にしかかけない数学とやらの方程式というのが、まだ、どうしても不思議でならないのだ」と、シエラザードと後から入ってきた妹のドニアザードに酒杯を渡しながら問いかけました。

シエラザードは、いつもの優しくあやすような眼差しを王様に向けて話しを始めました。

「王様がもつている金や宝石は、手に取ることができても、方程式というのは、どこにも宝石のような存在がありませんね」

「まさにその通りじゃ」と王様は、大きく頷き、次の話に聞き入ろうとしています。

「数学という世界は、魔法の世界のようなもので、そこから生まれた方程式は、形のない魔術を見せられているようなものですわ」

「…でも、その方程式が、海を安全に渡り、豊かな穀物を生み、そして、いつしか鉄でできた飛行機が空を自由に飛ぶという夢を実現していくのです」

「そして、いつしか機械に計算をさせるという時代がやってきます」

*

数学や物理学では、「原因から結果を求める」ものを「順問題」(direct problem)と呼んでいます。

これに作用する状態を表わすものが「場の方程式」です。これに対して、観測された結果から、原因を探り、相互の関係性を推定するのが「逆問題」(inverse problem)といいます。

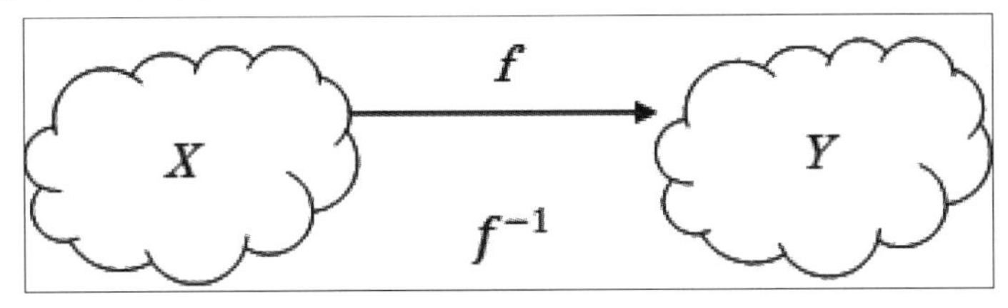

図34-1 逆関数

関数を写像として捉えた場合、その写像の逆は、「逆写像、あるいは逆関数」と呼ばれます。**図34-1**のように、「fがXからYへの写像とした場合、f^(-1)はYをXへ戻す写像」ということが言えます。

こうした逆関数の問題として捉えるのは、すでに紀元前からあったとされています。正式に、「逆問題」として発達したのは、第二次世界大戦中に弾道計算やレーダー探査などで急速に発展していきます。

数学的には、1820年代に、アーベル(Niels Henrik Abel、1802-1829)が「ヤコビ(Carl Gustav Jacob Jacobi、1804-1851)の楕円関数の逆問題」に関する研究が最初と言われています。

実は、この逆問題と計算機の発達は密接な関係をもち、フーリエ変換、ラプラス変換、有限要素法、境界要素法・随伴作用素などのコンピューターを利用する数理科学分野では重要な手法になっています。

また、「観測結果」のデータから、ある状態を推定する「機械学習・AI」の発明によって、非破壊検査、電波探知、超音波探査、CTスキャン、画像解析、エネルギー分布推定など、さまざまな領域で飛躍的な発展を遂げていきます。

*

機械学習の定義は、さまざまな主張がありますが、もっとももよく知られているのが、トム・M・ミッチェル(Tom Michael Mitchell、1951-)の「コンピュータプログラムがタスクのクラスTと性能指標Pに関し経験Eから学習するとは、T内のタスクのPで測った性能が経験Eにより改善される事を言う。(出典：Wikipedia；機械学習)」が知られています。

機械学習という用語は、アーサー・リー・サミュエル(Arthur Lee Samuel、1901-1990)によって1959年に造語されたものです。

*

機械学習では、「学習データ(または訓練データ)」からデータを特徴付けして、その後の学習手法(アルゴリズム)に提供できるようにすることからスタートします。

これに対して、データマイニング(あるいはテキストマイニング)では、未知であるデータの特徴を探査してことからスタートします。

---

*

「ふ〜む…、そうか、いよいよ人が考える時代から、機械が学習するという時代に入っていくということなのじゃな」

「そうですね。それでも、機械が暴走しないように、きちんと人が管理していくということがとても大切なことなのですね」と、シエラザードは遠くの星を見て呟きました。

第35夜 AIの仕組みと奇跡のコード「Python」

AIは、すでに日常的にさまざまな所へ浸透しています。ここでは、AIがどのような流れで、学習をしていくのかを説明しましょう。

＊

下の**図35-1**は、自動運転自動車などの基本的な画像認識を行なう際のニューラル・ネットワークのデータの流れの概念を示したものです。

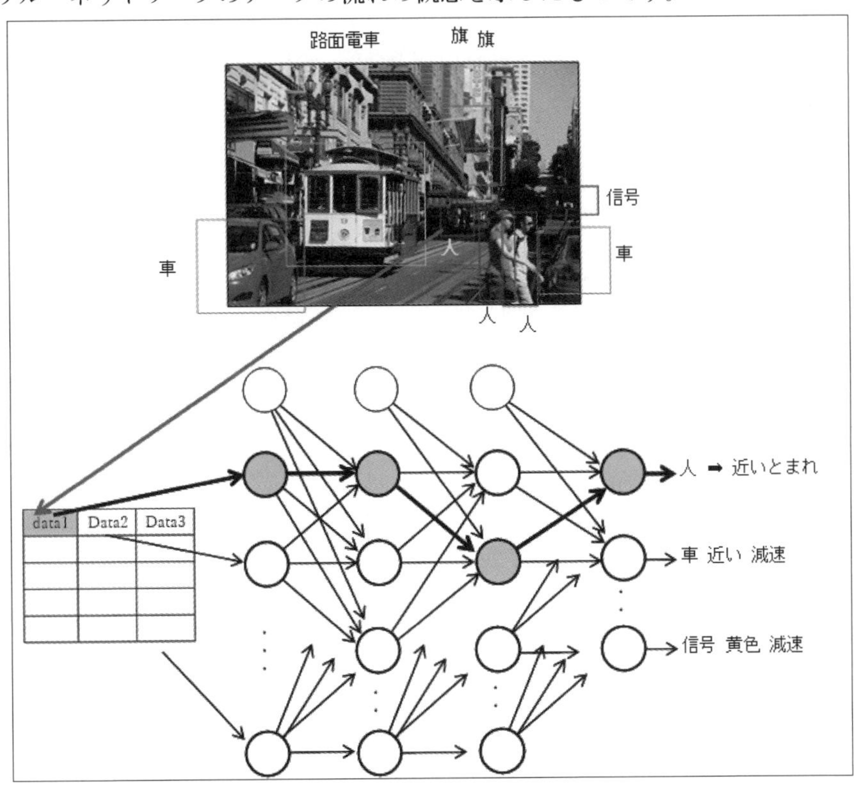

図35-1 AIの基本モデルのニューラル・ネットワーク

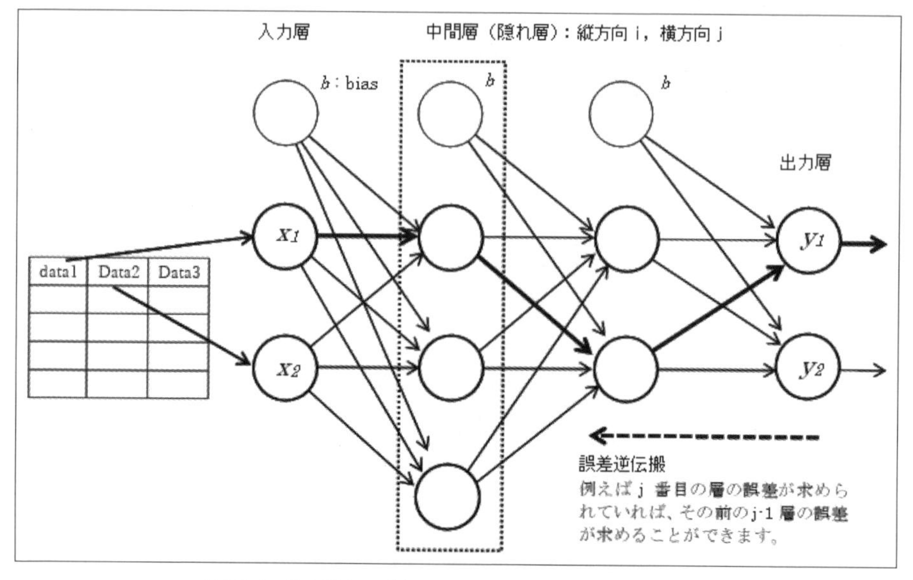

図35-2 AIの基本モデルのニューラル・ネットワーク(続き)

ニューラル・ネットワークのデータの流れの部分を簡単な模式図で概観してみましょう。

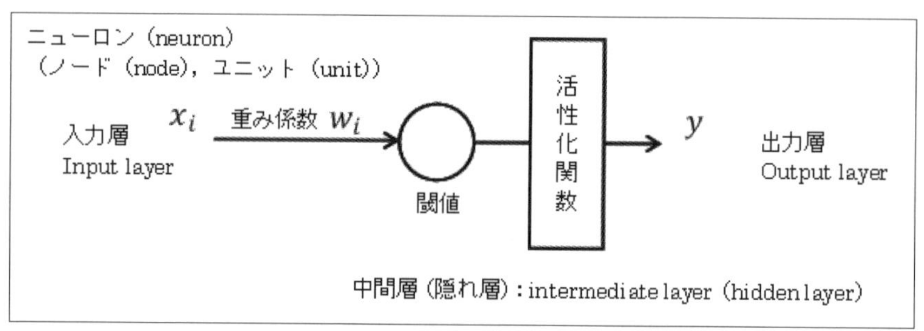

上の模式図を一般化したものが次の式です。

$$y = \varphi\left(\sum_{i=1}^{n} w_i x_i - \theta\right)$$

φ ：活性化関数(activation function)　W ：重み係数　θ：閾値

θは閾値(しきい値、またはいき値)ですが、「$b=-\theta$」としてマイナス表示をなくした「b」がバイアス(bias)と呼ばれているものです。

$$y = \varphi\left(\sum_{i=1}^{n} w_i x_i + b\right)$$

この式の「w」と「b」はパラメータと呼ばれニューラル・ネットワークでは精度を高める重要な役割を果たします。ただし、学習率とは区別しています。

また、活性化関数には、さまざまな関数が用いられていますが、主にシグモイド関数(sigmoid function)が使われています。
この活性化関数によって入れられたデータが目的とする教師データに対してより誤差が少ないものが選択されていき、最終的には非常に複雑に係わっているネットワークに最も反応するルートが抽出されて解を最終出力として導きます。

データは学習データとテストデータですが、学習データを基準とすることでテストデータは精度を比較することができます。それぞれのデータが入るごとにこの誤差を最小にしながら次のステップへと誤差を最小にして行くことから「誤差逆伝搬法(Back Propagation)」と呼ばれています。

「重み係数」(weighting factor)は、学習パラメータと呼ばれる「学習率」(Learning rate;一般的にηを使う)、「モーメント」(momentum, モーメント係数(momentum rate))、」それに「tolerance」(学習終了判定係数)、「random seed」(ランダムシード)、「学習回数」などがあります。

一般的に、学習率は「0〜1」でこの数値を低くすると学習は遅くなり、高くすると早くなります。
いわゆる最適解を探査する最急降下法などでは勾配が大きい範囲では、探査したい解を飛び越えないように振動現象を抑えて調整を行ないます。

モーメントは「0〜1」の中で値を取り、誤差逆伝搬法の重み係数を更新するときに慣性調整を行なうために与えられたものです。数値が小さいほど学習率は小さくなり、逆に大きくなるほど学習率は大きくなります。一般的にモーメントは「0.2」から初めて調整していくことが多いようです。

○ 活性化関数(Activation function)

「活性化関数」は「伝達関数」とも呼ばれ、ニューラル・ネットワークでは情報が伝達されていく過程の中で、学習精度を高める上で重要な役割を担っています。

たとえば、各ニューロン(ノード, ユニット)に情報が伝達して際に、閾値(θ)によってある値を超えたときに発火という言葉を用いて「発火したのか」、「発火しなかったのか」に分けます。

この制御を行なうのが、先の「$-\theta$ 」で表現された式です。シグモイド関数の中の$\sum_{i=1}^{n} w_i x_i$が「θ」より大きいと発火し、小さいと発火しないとされています。

このシグモイド関数は前式のカッコの中を「u」とし、「$b = -\theta$ 」すると、

$$\mathrm{u} = \sum_{i=1}^{n} w_i x_i + b$$

としてσ(u)という関数の形で表現できます。

「b」はバイアス(bias)と呼んでいます。

このときに一般的な標準シグモイド関数(standard sigmoid function)は、

$$\sigma(u) = \frac{1}{1+e^{-u}}$$

という式で表現されます。

ここで「w」はいわゆる「重み」と呼ばれるものです。

下はシグモイド関数を描かせたものです。(e：ネイピア数；Napier)

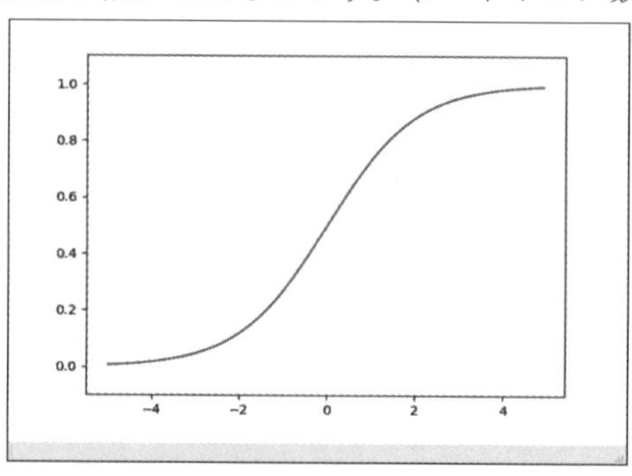

図35-3 活性化関数(シグモイド関数)
(※ 発火：上の関数を窓の開閉と考え、ある所より大きく開けると寒いなどをイメージすると発火の意味がよく分かります)

Python (IPython) で活性化関数を描いています。Pythonについては後で解説します。

上の**図35-2**を順に解説します。

たとえば、入力されるデータがリンゴの画像であると仮定します。学習データとして類似した多くのリンゴ、バナナ、オレンジ、イチゴなどの画像データがあり、教師データとして「○○のパターン」をもつのは「リンゴである」という情報を学習していたとします。

学習データとはまったく違うリンゴの画像データをテストデータとして「これはなにか？」を分類・予測させるとします。

ニューラル・ネットワークは、学習データをもとに与えられたテストデータの分類に取り掛かります。

全体の誤差を少なくし、少しでも誤差を小さくするために学習データで得ている学習したものから探し始めます。そして、最後に「(それは)リンゴ(である)」と計算結果がでれば、正答となります。教師データとの差を「正答率」として表します

その際に各ニューロン(ノード、ユニット)とそれを結んでいるネットワークのある流れが1つのパターンとして認識されます。それが先の図の流れです。

最近の脳科学の研究では、人間の記憶が脳の中の海馬の中の神経細胞とそれを結ぶ神経によって、「通ったルートでこれは○○である」と記憶されることが分かってきました。

ニューラル・ネットワークも同じようにどのルートを通るかで分類・予測される答えが決まってきます。

このような意味でも人間の脳を模式化して現在も進められているニューラル・ネットワークが「人工知能AI (Artificial Intelligence)」と呼ばれる由縁です。

ただし、ニューラル・ネットワークにはさまざまな手法があり、今回は、そ

のひとつである「誤差逆伝搬法によるMLP（Multi Layer Perceptron：多層パーセプトロン）」を取り上げてみました。

○ 勾配消失問題と活性化関数のReLU関数

ニューラル・ネットワークは人間の脳をモデル化したものです。

「情報」（データ）が入力層から入り、中間層へ伝播していく際、複数の局所解が存在する中から最適解に到達させるために「伝播されているデータの関数の誤差が最小になるように勾配を求める方法」として「勾配降下法」というのを用います。

この「降下法」は、次のように表わします。

$$x := x - \eta \frac{df(x)}{dx}$$

ここで「□(:=)」は定義するという意味です。また、「η」は学習率です。

最近では、深層学習（Deep Learning）などでは、活性化関数に「ReLU関数」（Rectified Linear Unit function：正規化線形関数）を使うことで、正答率を高める研究が報告されています。

このReLU関数は、次のように定義されます。

$$\mathrm{Re}(x) = \begin{cases} 0 & (x < 0) \\ x & (x \geq 0) \end{cases}$$

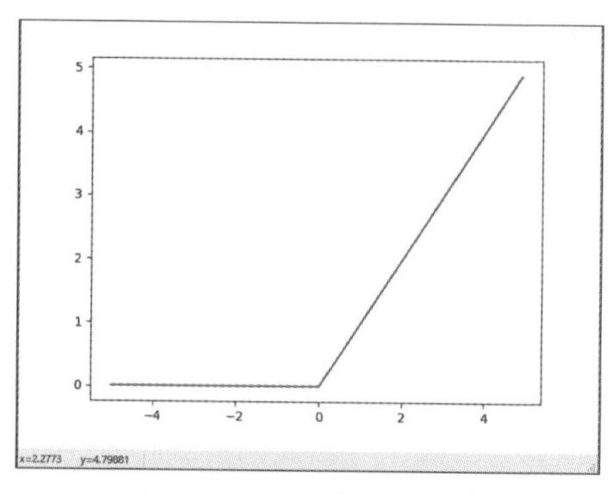

図35-4 活性化関数（ReLU関数）

データ値が「マイナス」であると、「0」になりますが、研究では、このReLU関数を文書解析に用いた方法では、シグモイド関数よりも対象によってはかなり精度が高いことが知られています。さらに、文章解析以外の分野でも研究が進んでいます。

なぜ、ReLU関数が脚光を浴びているのかというと、Sigmoid関数などの場合、両端部の曲線を見て頂くと、理解できますが、端部に行くほど「曲線の勾配があまりにも緩くなり、微分によって求める勾配を探せないという勾配消失問題」が起きるからです。

この問題に対して、ReLU関数は明確な閾値を与えることができるという利点があります。ただし、入力値が「マイナス」の場合は微分が「0」になり、「重み(*w*)」が更新されないという弱点をもちます。
プログラミング型のPythonでは活性化関数は任意に指定できます。

○ 奇跡のコードPython(パイソン)

Pythonは1991年にグイド・ヴァンロッサム(Guido van Rossum、1956-)によって、従来のC言語のように専門性の高いスキルを要求せず、できるだけ多くの人が効率の良いコード(プログラム)を簡単に書けるようにとの目的で、オープンソース(ソースコードの利用、修正、頒布が自由にできる)として公開されました。

現在では、Web上で、さまざまな「Pythonによるソースコード」が公開されており、画像認識、音声認識、自然言語処理、数値・文字データ処理などのコードを多くの人が公開しています。
しかしながら、Windowsを使うユーザーの場合は、Pythonを動かす環境設定が「ややこしい」と感じる人が少なくありません。

現在では、**図35-4**のように、「パッケージ型ツール」、「プログラミング型ツール」の無償のツールがあります。例えば、WekaはExcelデータを「csv形式」にして、読み込ませれば、さまざまな学習手法が用意されています。

また、プログラミング型ツールは「Python」が、圧倒的に利用率が高いのですが、この他にも「C++(シープラスプラス)、C#(シーシャープ)、Java(ジャバ)」

等によるプログラミング言語があります。

図35-4　機械学習・AIのツール(無償)

○ AIと機械学習のイメージを把握する

データを入力し、最終的な評価までの機械学習・AIの流れを下に示します。

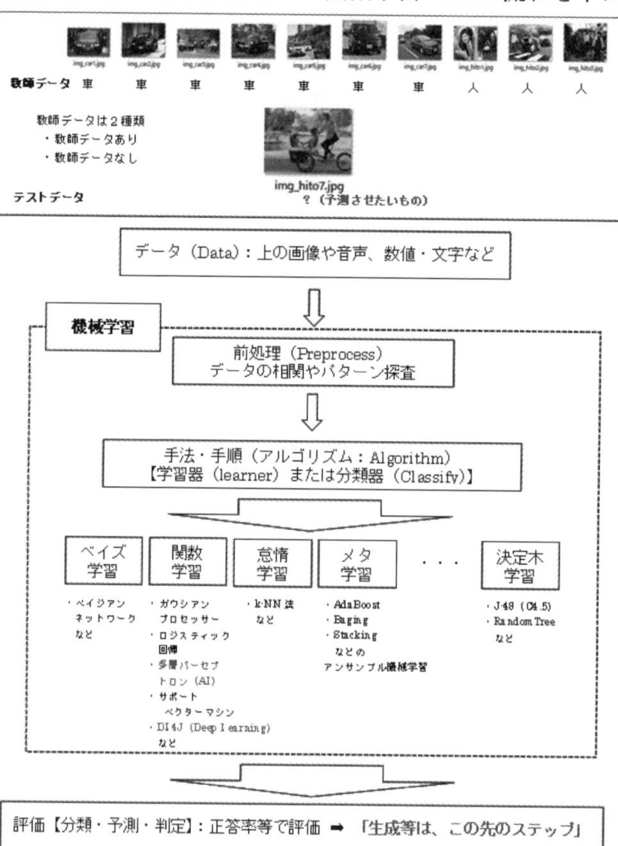

図35-5　機械学習・AIの全容を概観する(パッケージ型のWekaをベースに解説)

図35-5は、「パッケージ型のWeka」をベースにしたものですが、AIの基本モデルのニューラル・ネットワークは、機械学習の中の「関数学習」に含まれています。

また、このWekaについては、改めてお話をしますが、Wekaでのニューラル・ネットワークは「MLP」です。このアルゴリズムだけでも深層学習(Deep Learning)ができますが、他に「Dl4J (Deep Learning for Javaの略)」は、深層学習用の手法(アルゴリズム)としてあらかじめ用意されたものもあります。

*

また、プログラミング言語のうち、「Chainer(チェイナー)」、「Colaboratory(コラボレイトリー：Googleで利用可)」では、一部が有償になります。

その他に、「RapidMiner」は、「Weka」と密接な関係をもつツールで、世界では「Excel」に匹敵するほど利用されており、機械学習・AIのツールとして使われています。

そして、「NNC (Neural Network Console)、NNCC (Neural Network Console Cloud)：一部有償」は、画像認識でかなりの威力を発揮しているものです。もちろん無償版でもかなりのことができます。

パソコンの環境設定が苦手で、できれば一日で機械学習・AIをやってみたいという方には、「Weka」が簡単ですので、末尾の参考文献には素人向けの入門書もありますので、それをご覧になってみてトライするというのもよいかも知れません。中学生以上の方ならできると思います。

数学に機械が入ってきた四色問題という数学者たちのジレンマ

「こんな解は数学ではない」
「このような方法での証明は、神は許されるはずがない」
という、難癖が付いたままの「数学の超難問」のひとつが、「四色問題」です。

ヴォルフガング・ハーケン(Wolfgang Haken、、1928-)とケネス・アッペル(Kenneth Ira Appel、1932-2013)の2人が1976年に電子計算機を用いて「四色問題」を証明し、1979年にアメリカの数理計画学会と数学会が、離散数学の分野で優れた論文の業績について送られるファルカーソン賞(3年に一度排出)が贈呈されています。

もともとハーケンは、「ポアンカレ予想」の証明を行っていましたが、極度の精神疲労のため、「四色問題」へ研究を変更しました。
約700頁に及ぶ研究成果を付けた200頁の論文は、電子計算機で1000時間を費やして解かれた、「計算機による証明」であったのです。
この証明方法への批判が冒頭の数学者たちによる言葉です。

もともと、「四色問題」というのは、

四色あれば、どんな地図でも、隣り合う国が違う色になるように塗り分けられる

というのが、その問題です。

「四色問題」は、フランシス・ガスリー(Francis Guthrie、1831-1899)が、1852年に数学者として初めて「四色定理」を提起しました。
この定理は、弟のフレデリック・ガスリー(Frederick Guthrie、1833-1886)に質問したのをきっかけにオーガスタス・ド・モルガン(Augustus de Morgan、1806-1871、ブール論理や集合の代数学での法則;ド・モルガンの法則)に伝え、これが「四色定理(Four color theorem)」として定式化されました。
問題の提起後、1879年にアルフレッド・ケンプ(Alfred Bray Kempe、英、数学者、1849-1922)が証明をし、その11年後の1890年にパーシー・ヒーウッド(Percy John Heawood、英、数学者、1861-1955)によって証明に不備が指摘されました。

その後、「四色➡五色であれば充分である」ことから「五色定理」と呼ばれるようになりましたが、冒頭のヴォルフガング・ハーケンとケネス・アッペルにより「放電法(Discharging method)」と呼ばれるルールを電子計算機に入れて「四色定理」を証明したのです。

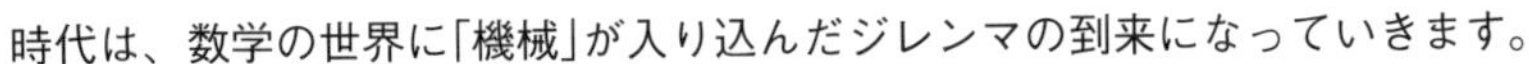

時代は、数学の世界に「機械」が入り込んだジレンマの到来になっていきます。

図35-6 アメリカの州を四色で塗分けた地図
(出典:Wikipedia 四色定理)

---

*

「人が作り出した機械が人の計算する力を上回った、というのか?」

王様は、少し不機嫌そうにぽつりとつぶやきました。

姫は、「人が海を渡るのに小さい舟から、何人も乗せることができる大きな船を作ったように、船も機械も、人が作った道具なのです」

「おう、おう、そうじゃとも、そうじゃとも」と、王様は子供のように喜びました。

「それでも、いつの日か、人と同じように話の相手になって、まったく知らなかった知識さえも教えてくれるようになるのだろうか…不安じゃのう」

王様は、本当は優しい人なのだと姫は改めて思いました。

第36夜 複雑な世界を複雑なまま考える「複雑系」の登場

先に、「系(けい：System)」ということについてお話ししましょう。

＊

「系」というのは、複数の要因・要素が相互関係をなしている「部分空間」のことを指します。
従来の古典物理学や力学的概念で「簡単に説明できない現象・事象」に対して、「対象が複雑に組織化され、系を担う要因・要素によって、システム全体になんらかの変化を与える」ものを「複雑系」(Complex System, or Complexity)として捉える視点で解説をします。

ある対象があったとした場合、対象全体は、複数の部分組織によって形成され全体を構成していますが、ある部分組織に何らかの負荷等が掛かり、変化を見せた場合に、ときに系全体へも影響を及ぼすことがあります。

このため、ある部分組織だけを抽出して、メカニズムを解いてみても全体への影響を正しく評価することができません。このために、こうした対象を「複雑系」と呼んでいるのです。

現在では、カオス、フラクタル、ゆらぎ、自己組織化臨界状態、遺伝的アルゴリズムやニューラル・ネットワークなどの複雑系の手法が知られています。

＊

複雑系に関わるさまざまな分野からの方法論的研究は、物理学、化学、医学、心理学、経済学などの多くの分野に及びますが、組織的な研究としては、1984年に米国のニューメキシコ州サンタフェに設立された「サンタフェ研究所(Santa Fe Institute、SFI)」が特に知られており、複雑系研究のメッカと言われています。

この研究所の科学者たちは、経済学、理論物理学、非線形物理学、素粒子物理学、心理学、電気工学、コンピューター科学、理論生物学、進化生物学、数学、社会学、社会人類学などの科学者によって構成されていて、絶えず公開の会議を開催しています。
この複雑系という科学が登場する前のいくつかの予兆的な出来事・研究を紹介します。

○ アインシュタインが11歳のときに証明したピタゴラスの定理

複雑系の科学が発展、進化していく前に、いくつかの重要な示唆が起こります。

紹介するのは、アインシュタインが11歳のときに叔父であったヤコブ・アインシュタイン(Jacob Einstein、独、電気技師、1850-1912)がユークリッド幾何学を教えていたときに、出題した問題へ答えたものと言われています。

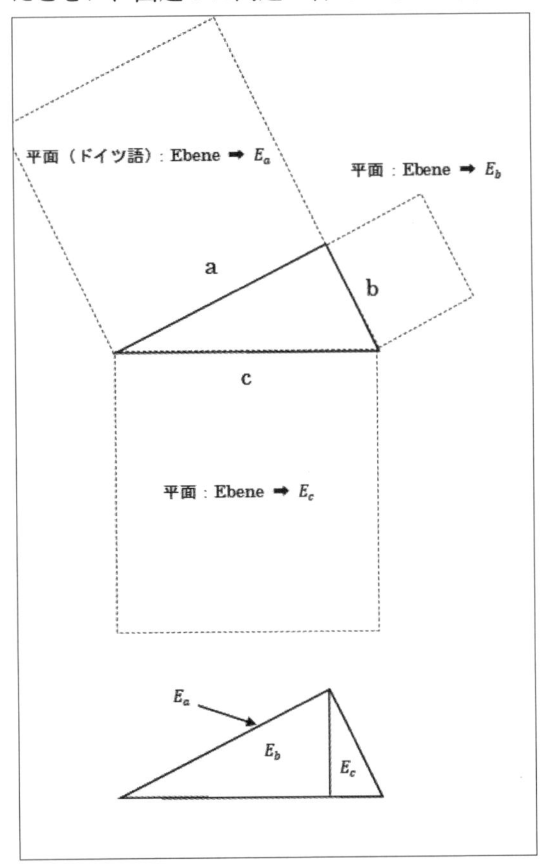

図36-1 アインシュタインが11歳の時に説明したピタゴラスの定理の図
(出典：マンフレッド・シュレーダー(竹迫一雄訳), フラクタル・カオス・パワー則, 森北出版, 1997.3.25.(第2刷))

上は、アインシュタインが11歳の時にピタゴラスの定理の証明を行なったものです。この過程で、「m：ある共通な係数」を導入し、各辺「a,b,c」について、上の図の平面を各三角形の面識を「E_a,E_b,E_c」と定義しなおすと、次のように表現できます。

特殊相対性理論の「E＝mc²」と似ていますが、アインシュタインがマクスウェル方程式に出会うまで、まだこの時期はそこに至っていません。「E＝mc²」は特殊相対性理論の４次元運動量の時間成分をテイラー展開したときの第１項にでてくる式です。

$$E_a = ma^2$$

$$E_b = mb^2$$

$$E_c = mc^2$$

三角形の**図36-1**の下の図の垂線を書いた図形から、

$$E_a + E_b = E_c$$

となるので、下のように置けます。

$$ma^2 + mb^2 = mc^2$$

従って、

$$a^2 + b^2 = c^2$$

となり、ピタゴラスの定理が簡単に、そして明確に証明されます。

アインシュタインの天才性は、すでに11歳のときから異彩を放っているのが分かります。

実は、この思考過程で「ピタゴラスの定理の本質である、相似とスケーリング」をこの証明によって暴き出したことに特筆されます。ピタゴラスの定理の本質はここにあります。

○ スケール不変という概念
（カントール集合、ワイエルシュトラウス関数、ハウスドルフ次元）

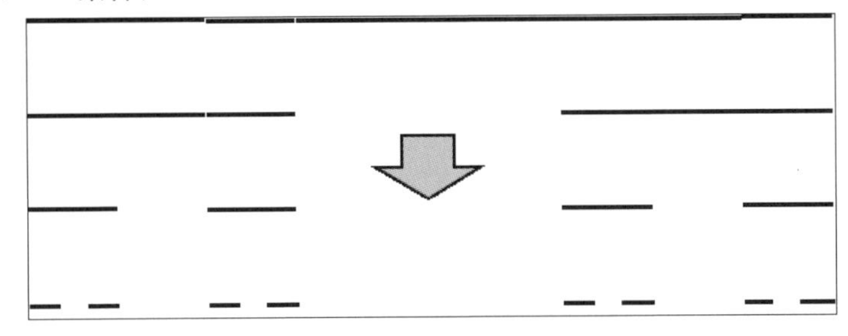

図36-2 カントール集合(Cantor set)

図36-2は「カントール集合(Cantor set)」は、閉区間[0,1]に存在する実数の集合です。1874年に英国の数学者Henry John Stephen Smith (1826-1883)によって発見された集合です。

「線」が、しだいに「点(0次元)」へ向けて「スカスカ」していく状態を見て取れます。これは「非整数次元」というフラクタル理論にも使われている重要な次元の考え方です。

そして、次に重要なのが、ワイエルシュトラウス関数(Weierstrass function)は、1872年にカール・ワイエルシュトラウス(Karl Theodor Wilhelm Weierstraß、独、数学者、1815-1897)によって示された連続の実数関数です。この関数は、微分可能な条件である連続性をもつているにも関わらず、至るところで微分不可能な関数として知られています。

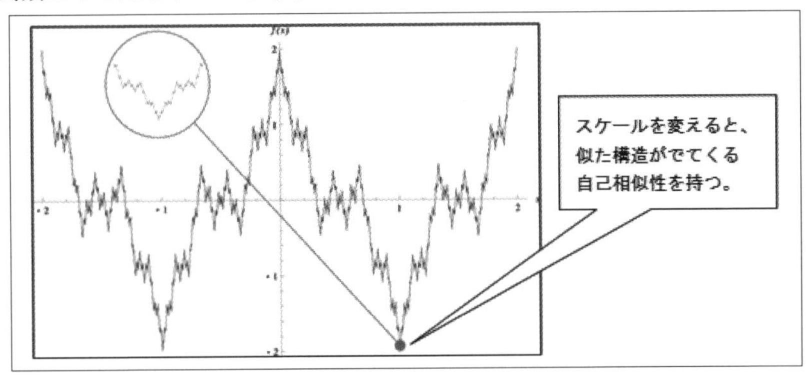

図36-3 ワイエルシュトラウス関数(出典：Wikipedia ワイエルシュトラウス関数)

$$w(x)=\sum_{n=0}^{\infty}a^n\cos\left(b^n\pi x\right)$$

$$ab>1+\frac{3}{2}\pi$$

ここで、「0<a<1」、「bは正の奇数整数」です。上の図は区間が [-2 ,2] です。

この関数が、「微分不可能」であることを1872年にプロイセンの科学アカデミーへの論文で示しました。ここでも、「スケール不変性」が焦点になっています。

また、これらの研究と並んで、非整数次元を説明する重要な研究で、「ハウスドルフ次元」(Hausdorff dimension) というものがあります。フェリックス・ハウスドルフ (Felix Hausdorff、1868-1942) によって提唱されています。

この「スケール不変」という考え方は、後の多くの複雑系の科学の手法への大きな足掛かりになっていきます。

第37夜 セルオートマトンと進化のモデル

時代は、手で解く時代から、「四色問題」に見る数学者のジレンマをよそに機械(コンピューター)によって解く「シミュレーション」の時代へと移っていきます。

*

先に「計算知能のWolfram Alpha」に「rule 90」と入れて、実験を行ないましょう。

これは、「セルオートマトン」(CA：cellular automaton)と呼ばれる離散的計算モデルで、「格子状のセルと単純な規則によって動かそう」というモデルです。

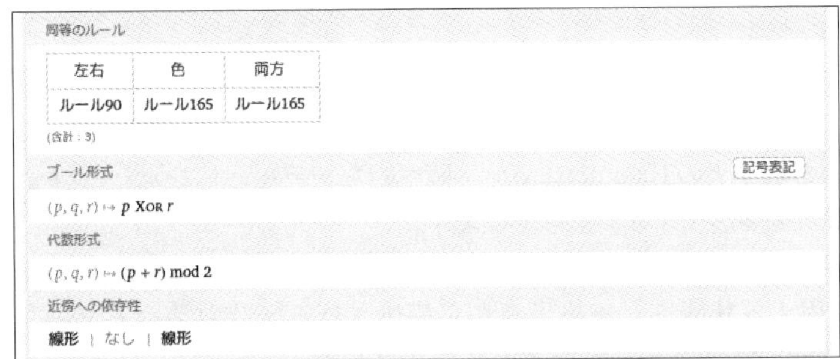

図37-1 Wolfram Alphaを使ったセルオートマトンのシミュレーション

図37-2は「シェルピンスキーのガスケット」(Sierpinski gasket)と呼ばれるフラクタル図形の1つです。

セルオートマトンは、移動する速度や近接する境界に条件を入れることで、避難シミューションなどへの応用がなされています。

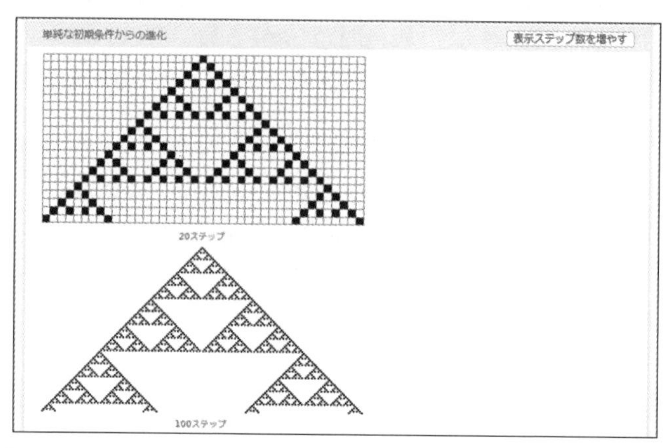

図37-2 Wolfram Alphaを使ったセルオートマトンのシミューション(続き)

セルオートマトンは、「セル(細胞)」+「オートマトン(自動機械)」という意味で、ある時刻「t」の状態が、周辺のセルの状態によって「t+1」へと変化していき、新たな世代(Generation)が決定されていくというものです。

この考え方は、1940年代にスタニスワフ・ウラム(Stanisław Marcin Ulam、1909-1984)とジョン・フォン・ノイマン(John von Neumann、1903-1957)が発見したものです。

セルオートマトンはルールが非確率的であるのに対して、1957年にBroadbentと数学者のHammersleyが、確率的なモデルとして「パーコレーション」(Percolation：浸透モデル)を発表します。
これは、森林火災などのシミュレーションに応用されていきましたが、2つの相互作用する状態をとる格子点から構成される統計力学のモデル(イジングモデル：Ising Model)から延長されていきました。
イジングモデルは、ヴィルヘルム・レンツ(Wilhelm Lenz、1888-1957)によって提唱されたものです。

また1986年にクリストファー・ラングトン(Christopher Langton、1949-)の「人工生命」(Artificial Life, ALife)、マルコ・ドリゴ(Marco Dorigo、1961-)の「蟻コロニー」(Ant Colony)、ジョン・ホーランド(John Henry Holland、1929-2015)の「遺伝的アルゴリズム」、ジェラルド・ベニー(Gerardo Beni、米、1946-)らの「群知能」(Swarm Intelligence；SI)などの手法が、人工知能技術として進化的なモデルの複雑系の研究が進んでいきます。

第38夜
「1本の線だけ」のデルタ関数(超関数)とは

数学の関数にはさまざまな種類が知られていますが、基本的には、「形而上学叙説」で知られるライプニッツ(Gottfried Wilhelm Leibniz、、1646-1716)によって、はじめて「関数」(function)という言葉が用いられました。

*

「関数」とは、ある変数に依存して決まる値を表わす式を意味しています。
これを「$x \mapsto f(x)$」などの表記を使う事もあります。
「xに関わる機能する式」(function)という意味です。

また、当初は「函数」という言葉を当てていましたが、「島田 茂(1981)、学校数学での用語と記号」に記されているように、1950年代以降では「関数」という用語が定着するようになりました。
関数でよく用いられる「$f(x)$」の表記は、オイラーによって用いられました。

こうした関数の概念を一般化するいくつかの理論があり、その中に「超関数」(generalized function)というものが知られています。

理論的な体系化を行なったのは、1940年代末のシュワルツ(Laurent Schwartz、1915-2002)ですが、たとえば、ディラックのデルタ関数などが特に知られています。

特に、階段状の分布を見せる「ヒーヴィサイド階段関数」(Heaviside step function)を超関数に読み替えて微分すると、通常の関数では解釈できないのがディラックのデルタ関数で、「デルタ超関数」(delta distribution)や「ディラックデルタ」(Dirac's delta)とも呼ばれています。

ヒーヴィサイド階段関数は、ヒーヴィサイド(Oliver Heaviside、英、電気技師・物理学者・数学者、1850-1925)に因むもので、彼は、電磁現象を数学的記述に関する研究で特に知られています。この関数は、電気回路中の電流をモデル化するために電流と電圧の比を表すインピーダンスの概念にも寄与して発明されたものです。

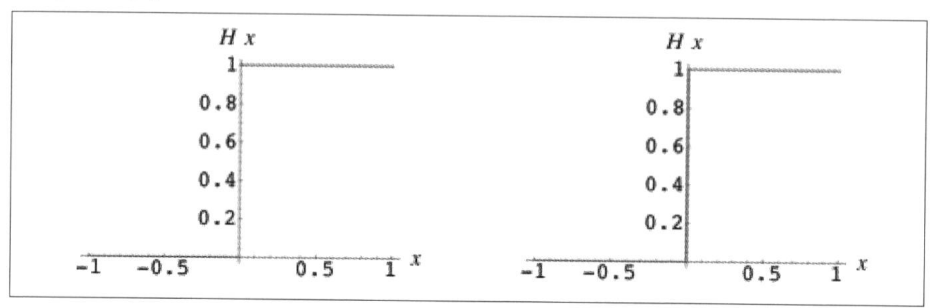

図38-1 Wolfram Alphaを使ったHeaviside階段関数

ヒーヴィサイド階段関数は、次のように記述されます。

$$H(x)=\begin{cases}1 & (x>0)\\ 0 & (x<0)\end{cases}$$

また、デルタ超関数は、次のように記述されます。

$$\int_{-\infty}^{\infty}\delta(x)\,dx=1 \qquad \delta(x)=0 \quad (x\neq 0)$$

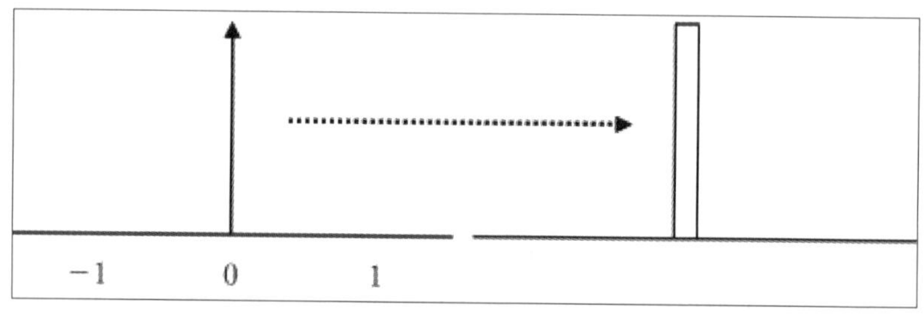

図38-2 Delta超関数(実際には矩形状でx軸上での幅が無限小です)

デルタ超関数は、量子力学・量子電磁気学に貢献したディラック(Paul Adrien Maurice Dirac、英、理論物理学者、1902-1984)に因んで、「ディラックのデルタ」と呼ばれています。1933年に半導体という魔法の力を生んだシュレーディンガー方程式のシュレーディンガーとともにノーベル物理学賞を受賞しています。

この関数から、「短時間に急激な変化を示す電気信号の波(厳密には矩形波)」をパルス(Pulse)、パルス波、パルス信号として呼ばれ、現在ではさまざまな分野へ応用されています。

矩形波でも、幅が無限小、高さが「1」の場合は、「インパルス(impulse response)」と呼びますが、これはデルタ超関数でモデル化されます。

高さを「1」としたことで、応用の幅が広がりました。
物理学者で「ゆらぎの研究」で知られた武者利光(むしゃ としみつ、日、物理学者、1933-)は、パルスを高速道路の自動車通過の観測で「ゆらぎの存在」を示したことを著書「ゆらぎの世界、講談社、1997.1.23.(第26刷)」で紹介しています。

このように、デルタ超関数は、一見して単純に見えますが、その世界は非常に奥が深く魅力にあふれた(超)関数と言えます。また、ヒーヴィサイド階段関数は数値解析の「境界要素法」のモデル化では、なくてならない重要なツールになっています。

第39夜

割れたコップの破片にルールがある！？
べきの法則とフラクタル

経済学の分野で、「売上の8割は、全従業員のうちの2割が生み出している」という、少々気になる事象があります。

これは、「全体の20%が優れていれば、実用上80%の状況で優れた能力を発揮する」というのも良く知られた事象です。

これは、イタリアの経済学者のパレート（Vilfredo Frederico Damaso Pareto、1848-1923）が発見した「冪乗則（べきじょうそく）、パワー則」（power law）で、「80：20の法則」（または8：2の法則）などとも呼ばれています。

冪乗則の式は、下のように記述されます。

$$f(x) = ax^k + o(x^k)$$

ここで、「a, k」は定数、「o」は「ランダウ記号」（Landau symbol；関数の極限での漸近的な挙動を比較するときに用いられる記法）と呼ばれるものです。

また、「k」は「スケーリング指数」（scaling exponent）と言います。

この関数は、両方の変数の対数を取ると、

$$\log(f(x)) = k \log x + \log a$$

と表記ができます。

つまり、両対数表で、2つの変数の関係を図示することができます。

また、これと同様な確率分布では、ジップの法則（Zip's law、またはジフの法則）があり、英語の単語の出現には、出現頻度と順位に法則があることを発見したジップ（George Kingsley Zipf、1902-1950）に因んでいます。

「ごく少数の単語は頻繁に出現するが、他の多くの単語はめったに使用されない」という法則を見つけました。

ジップは言語学で、パレートは経済学の分野で、事象の中に「冪乗則（パワー則）」として共通の数式の形を示していることから、大きく「冪乗則」として括られるようになっています。

この「冪乗則」は、社会現象・事象に多くが発見されています。

下のイラストは、コップを落としてしまい破片を大きい順に並べ、その大きさ（面積）を調べたとしましょう。

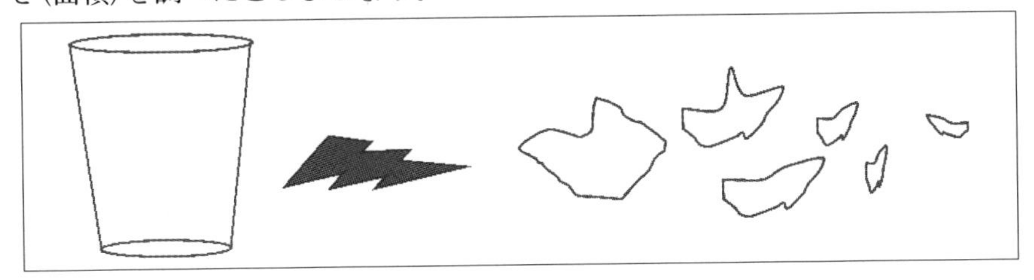

図39-1 コップの破片を並べると…

このとき、横軸に破片の大きさの順に並べ、縦軸に面積をプロットします。

その両対数をとって図示すると、どういうわけか、下の「日本の主要な自治体の人口分布」のように。一定の規則性を見出すことができます。

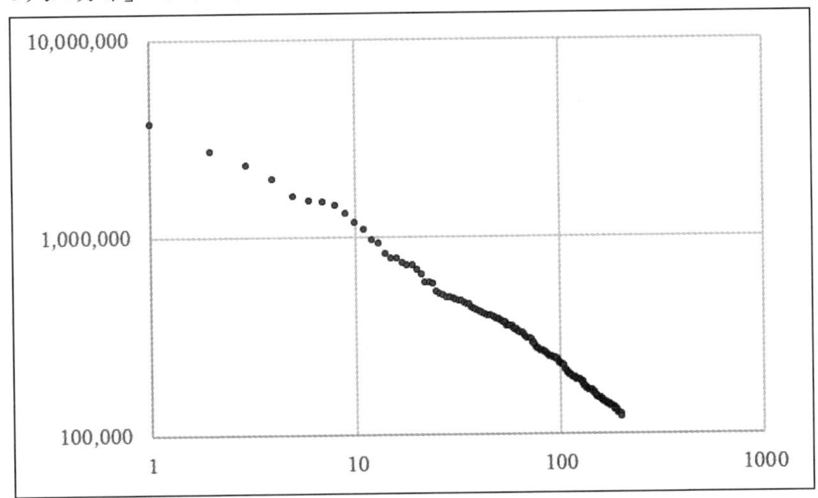

図39-2 日本の主要な200の自治体の人口の冪乗則分布（2021年10月1日現在）

現在では、地震の規模、都市の人口、音楽の音符の使用頻度、細胞内の遺伝子の発現量、そして固体が割れたときの破片の大きさ、交通量の道路別の状態などの自然現象、社会現象で多くの「冪乗則」の分布を見出すことができます。

この「冪乗則」は「スケール不変性」のフラクタルの重要な基礎のひとつです。

第40夜
1階を歩いていたらいつのまにか2階にいる悪魔の階段

不思議な関数の話をしましょう。

*

「その関数は、連続であるが、絶対連続(absolute continuity：通常の連続性や一様連続性よりも強い条件を課した連続性)ではない」というとても奇妙な関数です。この関数は、カントール関数(Cantor function)と呼ばれ、次のように構成されてできる関数です。

- 引数(x)を三進小数展開
  三進法：「0,1,2」の3つの数字を使い、「3 ➡ 10」とし、「4 ➡ 11」として表記。
  その際に、「0,1,2,10,11,12,20,21,22,100,101,102,110,111,112,120,121,122,,…」となる。
- 得られた小数中に1があれば、最初に出現したものを残して、残りを0にする
- 得られた小数中に2があれば、最初に出現したものを残して、残りを1にする
  - 得られた小数を次は、2進小数とみなし、その結果がカントール関数c(x)の値とする

カントール関数の定義域は[0,1]で連続ですが、**図40-1**のようにy値は定数を取ることから、「dy / dx = 0」となり、一様連続ではあるが、絶対連続ではないという「特異な特徴」をもっています。

つまり、「微分係数が0であるので、変化していない・・・にも関わらず、0から1へと変化している」ということです。さらに別な表現を用いると、「まっ

すぐ1階を歩いていたら、いつのまにか2階にいた」というのが、この関数の奇妙な所です。

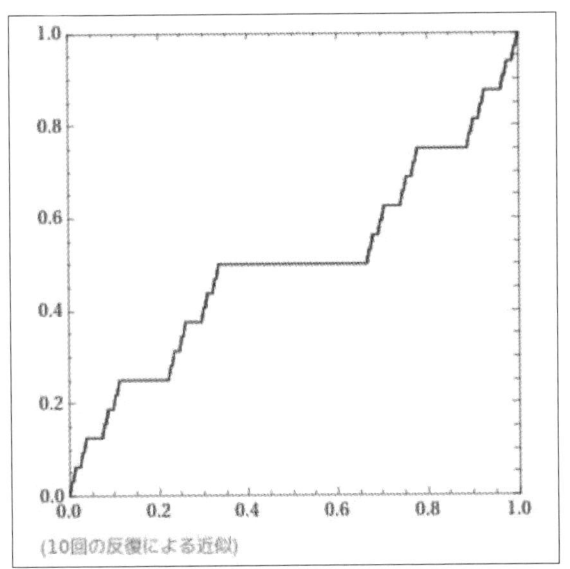

図40-1　悪魔の階段(Wolfram Alphaでカントール関数と入力して描画)

このため、関数は、「悪魔の階段(Devil's staircase)」という名称で使われることが少なくありません。ゲオルク・カントールに因んでカントール関数と呼ばれています。

このカントール関数と同じように奇妙なフラクタルの特性をもつ、「ミンコフスキー疑問符関数(Minkowski question-mark function)」というものがあります。関数自体が「?(x)」という謎に満ちた関数のように見えます。ミンコフスキー(Hermann Minkowski、独、数学者、1864-1909)は、アインシュタインの特殊相対性理論の「時空」をエレガントな数学的な表現をし直したことでよく知られています。

また、彼が教鞭を取ったスイス連邦工科大学には、教え子に若き日のアインシュタインがいたことも逸話として知られています。

この関数は、xを無理数として、連分数表現を$[a_n]$とすると次のように定義されます。

$$?(x) = a_0 + 2\sum_{n=1}^{\infty} \frac{(-1)^{n+1}}{2^{a_1+\ldots+a_n}}$$

なかなか関数中に「？」マークが出てくるのは、違和感が払しょくできませんが、この関数は、先のカントール関数と似たような分布を見せることが知られています。

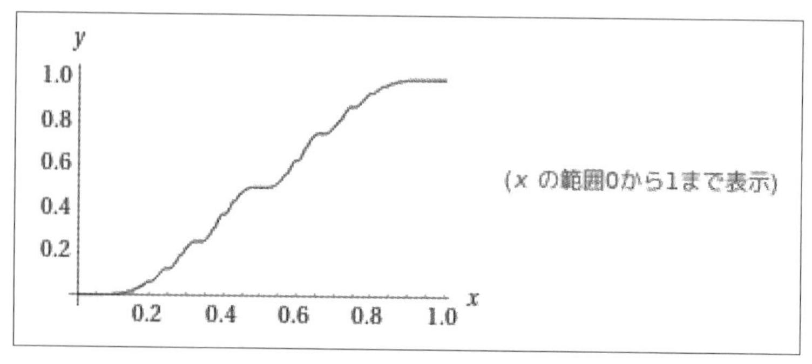

図40-1　ミンコフスキー疑問符関数
（Wolfram AlphaでMinkowski question-mark functionと入力し描画）

悪魔の階段は、何か物語にでも出てくるような印象を受けますが、2015年に「低いX線を用いてコバルト酸化物に新しい磁気構造「悪魔の階段」状態を解明」したことを東京大学物性研究所が論文として発表しています。

これは、「半導体と磁性体の特性が互いに関連した特異な現象をもつ半導体スピントロニクス材料の開発」に期待がもたれています。

＊

「悪魔の階段とはよく言ったものじゃが、まさかこんな物語にでも出てくるようなものが、実際に何かの発展へ期待されるものがでるとは、まさに驚きじゃの！」

王様の無邪気に驚く様子は、まるで子供が何か新しいものに出会ったときのように新鮮な喜びに満ちています。

「このような摩訶不思議なものも、やがて機械が学習するという発明につながっていくのかしら…」と、妹のドニアザードが目を輝かせて姉の姫に聞きました。

「そうね、やはりいろんな道を通って文明は進歩していくのよ」

姉の言葉を聞いて王様も妹も満足しているようです。

第41夜
未来が見えるラプラスの悪魔

> 世界に存在するすべての物質の「位置」と「運動量」を知ることができ、それらを解析できる能力（知性）があれば、この知性にとっては「不確定な事」は何もなくなるので、未来も見えているだろう

こう書かれたのは、ラプラス（Pierre-Simon Laplace、1749-1827）による確率の解析的理論」（Théorie analytique des probabilités）という著書です。

ラプラスの名称は、積分で定義される関数を代数的な演算に置き換える「ラプラス変換」でも知られており、数学的な基盤がラプラスの著作にあることがその名称の由来になっています。

冒頭の言葉から、ラプラスは「未来が見える知性」と呼んでいたのですが、その後、活動電位の研究で知られるエミール・ハインリヒ・デュ・ボア＝レーモン（Emil Heinrich du Bois-Reymond、1818-1896）によって、「ラプラスの霊」（Laplacescher Geist）と呼ばれ、さらに、「ラプラスの悪魔」（Laplacescher Dämon）となっていきました。

20世紀に入って「量子力学」が台頭してくると、従来の古典物理学では説明できない矛盾現象が見つかっていきます。

＊

位置を「$\hat{Q}$」、運動量を「$\hat{P}$」、それぞれの系の状態を「Ψ（プサイ）」としたときに、量子力学では、次の式が知られています。

$$\Delta_{\psi}\hat{Q}\Delta_{\psi}\hat{P} \geq \frac{\hbar}{2}$$

$$\hbar = \frac{h}{2\pi} = \frac{6.62607015 \times 10^{-34}\ m^2 kg/s}{2\pi}$$

ここで「h」は「プランク定数（Planck constant）」と呼ばれるもので、それを「2 π」で割ったものが、「ħ」（エイチバー：ディラック定数）です。

「Δ (delta)」は2つの値の差を示し、小文字の「δ」は無限小の変化を表し、「d」は無限小の微分でやはり変化の差を示します。

ここで出てきた「プランク定数」というのは、量子力学での光子のもつエネルギーと振動数の比例関係を表す定数です。
量子力学の創始者のひとりで量子論の父と呼ばれるマックス・プランク(Max Karl Ernst Ludwig Planck、1858-1947)に因んで命名されています。
この定数は、2019年5月に定義定数として認められています。

「ħ」の横の「バー」は「ストローク符号(H WITH STROKE)」で、通貨の「£(ポンド)」も同じストローク符号が使われています。この「ħ」は、プランク自身の論文で多用されており、プランク輻射公式(黒体放射のスペクトルに関する公式)を説明するさいに用いられています。

余談ですが、アインシュタインはプランクの理論の影響を受け、「光が粒子のような性質をもつ」という「光電効果」を説明しました。これが、後に太陽光発電の太陽電池の基礎原理に発展していきます。

*

つまり、量子力学の世界では、位置と運動量を無限に近い精度で測定することはできず、どうしても「測定限界」があることが示されました。
これが、「ハイゼンベルグ(Werner Karl Heisenberg、1901-1976)の不確定性原理」と呼ばれるものです。
つまり、「未来が見えるはずのラプラスの悪魔」は、これによって完全に否定されたのです。悪魔はここに消失してしまいました。
ラプラスを語るときに忘れてはならない重要な歴史的事件が起こります。
フランスでは「7月14日」は「パリ祭」ですが、これは1789年7月14日から1795年8月22日にかけて「フランス革命」に因んでいます。この革命に名を馳せたのがナポレオン・ボナパルト(Napoléon Bonaparte、仏、軍人・フランス第一帝政の皇帝、1769-1821)がいます。
ラプラスが王立砲兵学校の試験官をやっていたときに、受験生のひとりにナポレオンがいました。後に、ラプラスはナポレオン政権下で内務大臣まで歴任します。

そして、ラプラスで見落としてはならないのが、「天体力学論(Traité de

mécanique céleste)」です。5巻からなり、太陽系の運動を解析することで、太陽系が安定していることを示しました。

フランス革命というとんでもない波乱の時代に、数学に見せられたラプラスは最後まで思考を止めることはなかったのです。

ラプラスは「未来を予見できる知性」を見出そうとしましたが、後にAI研究が、人工知能として台頭することは、夢にも思っていなかったのではないでしょうか。未来を手中にできればどんなことも可能になるのでしょうか…？

その知性、あるいは知能が「悪魔」でないことを祈りたいと思います。

第42夜
「機械を動かす機械のための言語という話」

昨夜の話では、ラプラスの「未来が見える知性」が、やがて「ラプラスの悪魔」になっていきました。

未来を知ることは、良いことにも悪いことにも使う事ができるのでしょうが、ハイゼンベルグの不確定性原理によって、未来を予見することは厳密にはできないという「測定限界」が示され、悪魔は消失してしまいました。

人は、それでも未来を予見できないまでも、人の力を介在させないで動く機械や、それらの機械を自由に操るための「機械のための言葉」を考えるようになっていきます。

トルコのアル＝ジャザリー(Al-Jazarī、1136-1206)が生み出した偉大な発明の1つに「セグメントギア」(丸い歯車)があります。

同時に、「オートマタ」(Automata；複数形で単数形はオートマトン)と呼ばれる機械人形、または自動人形が12世紀から13世紀に発明されています。

機械を動かすに際して「歯車」は重要なツールとなっていきます。

図42-1　左；ジャザリーのロボット楽団（出典：Wikipedia ジャザリー）
右；ジャカード織機（出典：Wikipedia ジャカード織機）

図42-1の左が、ジャザリーのロボット楽団で、4人の演奏家人形が船に乗り湖上に浮かべられ宴会の来客を楽しませたというもので、音楽の演奏に合わせて50以上の顔や体の動きを見せたと言われています。

図の右は、1801年にジョゼフ・マリー・ジャカール(Joseph Marie Jacquard、仏、発明家、1752-1834)のジャカード織機と呼ばれるもので、紙に開けられた穴の配列で、デザインパターンを変えられるという「機械の言語(プログラム)」の起源と言われるものです。

1830年頃には、チャールズ・バベッジ(Charles Babbage、英、数学者・哲学者、計算機科学者、1791-1871)が、プログラム可能な計算機を世界で初めて考案しました。

話が少しそれますが、自然数のべき乗和を求めるために最初に考案されたのが、微積分学の発展に貢献したヤコブ・ベルヌーイ(Jakob Bernoulli、スイス、数学者、1654-1705)の「ベルヌーイ数(Bernoulli number)」です。これは、次の式をとります。

$$f(x)=\frac{x}{e^x-1}=\sum_{n=0}^{\infty}\frac{B_n}{n!}x^n$$

$$B_0=1\,,\qquad B_n=-\frac{1}{n+1}\sum_{k=0}^{n-1}\binom{n+1}{k}B_k$$

2行目のカッコの式は、「二項係数」(binomial coefficients：2つの非負整数で添字される)です。

特に、連続する整数nに対して各行にkから0までを順に並べて得られる三角形状の数を「パスカルの三角形」(Pascal's triangle)と呼ばれています。

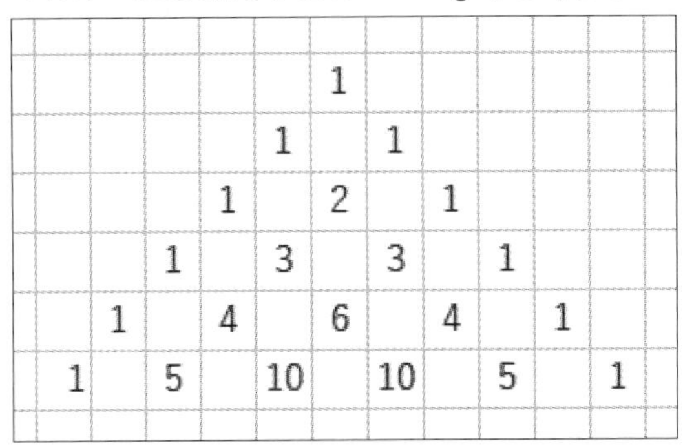

図42-2 二項係数で作られるパスカルの三角形

話を戻しましょう。バベッジの計算機構をほぼ完全に理解していた婦人がいます。

彼女の名はエイダ・ラブレス伯爵夫人(Augusta Ada King, Countess of Lovelace、1815-1852)で、世界初のコンピュータープログラマーとして知られています。

彼女の功績は、ベルヌーイ数の数列を計算するプログラムにあります。このため、彼女に因んで1979年にそのプログラミング言語が「Ada」と名付けられています。

1942年になると、「プランカルキュール」(Plankalkül)という機械のための言語が設計されますが、残念ながら完成することはありませんでした。

この1940年代には、「コントロール・パネル」と呼ばれる「プラグボード」が登場してきます。ジャカードの織機やバベッジのパンチカードの延長にできてきました。

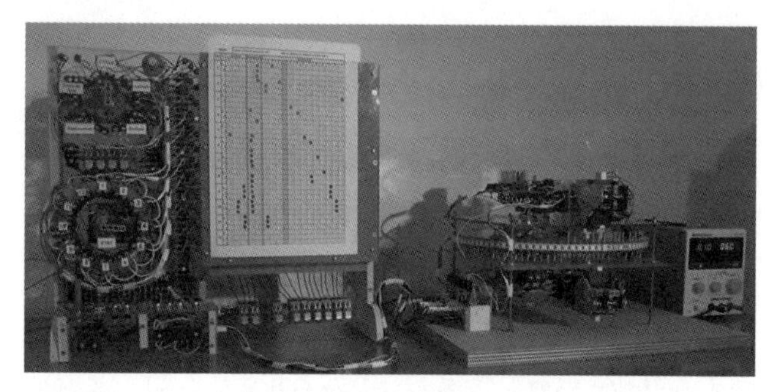

図42-3 チューリングマシン(出典：Wikipedia チューリングマシン)

第二次世界大戦で、ドイツのエニグマ暗号機械を解読したことで有名になったアラン・チューリングが議論のために提唱した機械が「抽象機械」と呼ばれるもので、「チューリングマシン(ノイマン型コンピューター)」とも呼ばれています。名前は、ジョン・フォン・ノイマンに因んでいます。

このマシンから、記憶装置を限りなく無制限に拡張したものが「ノイマンマシン」です。

その後、1954年にはIBMのジョン・バッカス(John Warner Backus、米、数学者、1924-2007)によって高水準プログラミング言語の「FORTRAN」(フォートラン：formula translationに由来)や、1959年の米国国防総省の開発提議によって生まれた事務処理用言語の「COBOL」(コボル：Common Business Oriented Languageに由来)が出てきます。

さらに1972年には、AT&Tベル研究所のデニス・リッチー(Dennis MacAlistair Ritchie、米、計算機科学者、1941-2011)によって「C言語(派生形が1983年にC++(シープラスプラス：++は1加算するという意味))」やオペレーティングシステム(OS)の「UNIX(ユニックス)」や「Multics(マルティクス)」が開発されていきます。

同様に、1970年には、教育目的で作られた、「Pascal(パスカル)」がニクラウス・ヴィルト(Niklaus Wirth、スイス、計算機科学者、1934-)によって作られました。この時期には、ケネス・レイン・トンプソン(Kenneth Lane Thompson、米、計算機科学者、1943-)によってC言語の前身である「B言語」が開発されます。

また、グイド・ヴァンロッサム(Guido van Rossum、1956-)によって「Python」(パイソン)が1991年にリリースされました。1996年には、サン・マイクロシステムズによって「Java」(ジャバ)が市場へリリースされました。

2000年代になると、「C#」(シーシャープ)、Javaのプラットフォーム上で動く「Scala (スカラ)」や、Apple社が開発した2010年代の「Swift」(スウィフト)が出てきます。

この他には、1995年に日本初の「Ruby」(ルビー)が、そして2010年代に米国Facebook社が支援した「D言語」、そして統計解析でAT&Tベル研究所の「S言語」を発展させた、統計解析向けの「R言語」がニュージーランドのオークランド大学で公開されています。

*

今宵の話で出てきた「オートマタ」は、第37夜の話しにでてくる「オートマトン」と同義ですが、今宵のものは、「機械そのもののオートマタ」で、第37夜のものは、「計算機上に記述されたもの」という違いがあります。

いずれにせよ、「自動で動かす」という人間の夢が表出したものです。

このように、「機械に計算をさせる」ということは、とても人間が手で解く範疇を超える膨大な計算では、圧倒的な勝利を収めていきます。

しかし、「四色問題」に見る数学者のジレンマのように、「機械が解決する」ということにいまだ多くの数学者が「得も言われぬもどかしさ」に必ずしも納得している訳ではありません。それでも、やはり多くの数学者や他の分野の科学者も含め、「機械が計算する」ということを否定せず受け入れている方々が多く存在しています。

今のところ、「機械がみずから意志をもつ自律する力」を機械は手に入れていませんが、非常に多くの研究者・技術者が、その実現に向けて日々絶え間ない研究が進められています。

ロボット工学の分野でも、ロボット自身が「見聞きし、分類をし、ある条件をみずから設定し、行動をする」という「機械を動かす機械のための言語」を実装し行動できるという目標に向かって進んでいます。

*

「ここまでは、機械と人間がともに助け合って、何かの仕事をこなそうとしていたが、これらはやがて機械が自分で学習していくという時代がくるということなのか？」

姫は、少し戸惑いながらも王様に説明しました。

「そうですわね。機械がやがてもらったデータで、自分で学習するという手法ができていきます。歴も2020年を超える頃には、普通の人間が話す言葉で会話ができるようになっていくのですよ」

「なんと！？機械が人間と話しをするというのか！」王様はただただびっくりしています。

妹も姉のことが、なんだか分からなくなってきました。

そんな遠い未来の話をできる姉は、本当に自分の姉なのか・・・と。

そんな妹と王様の顔を見て優しく微笑み、

「今夜話をしたオートマタは、歯車とゼンマイから電気という動く力を得て、やがて電子という世界で知り得た知識を貯めるということができるようになります。

この仕組みが小さくすることができると、さらにたくさんの知識を貯めることができるようになるのですね。火を発見した太古の昔に、戦士の数を石で数えて、どれだけの戦士が帰ってきたのかを知ることから数が生まれました。そしてそれは生活を豊かに発展させるために天体の動きを知り、やがて数学というものを発明していきました」

姫は、少し間をおいて話を続けました。

「こうした数学から物理学、天文学と幅を広げていけば、どうしても膨大な計算や、とても複雑な計算を人間に変わって行ってくれる機械というものが必然的に出てきたのです」

そして、その先には、機械が人間と同じように考えるという仕組みも生まれてくるのですね。それをどう使うかによって、悪魔にも天使にもなるのが機械学習の発明の先にある人間のジレンマもうまれてくるのです。と、姫は遠い地平の彼方に目をやりながら、独り言のようにつぶやきました。

寒いような温かいような不思議な感じの晩のことでした。

第4章

機械学習で「もしも」を解く

第43夜

機械学習・AIコレクション

今宵は、機械学習として、実際に使えるソフトウェアの話をしましょう。

「Weka」(Waikato Environment for Knowledge Analysis) は、ニュージーランドのワイカト大学が機械学習を広く世に広めるためGNU (General Public License) の下で発行され、Javaによって作られたオープンソース・ソフトウェアです。

主要な機械学習のアルゴリズム(手法)が非常に多く含まれており、画像処理、音声処理、自然言語処理、文字・数値データ処理ができます(**参考文献26**を参照)。

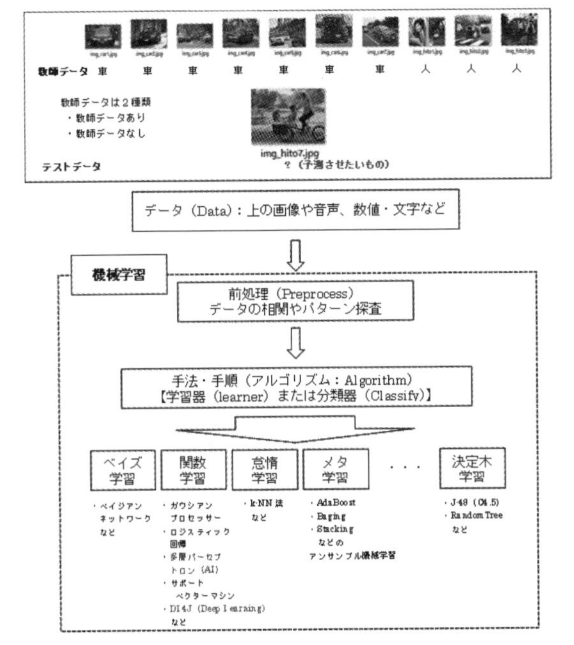

図43-1　機械学習・AIのWekaの全容を概観する)

また、Wekaを支援するソフトで知られる「RapidMiner」は、「機械学習・AIの総合プラットフォーム(platform；システムやソフトウェアを動かすための基盤となる環境)」として全世界で認知されています。

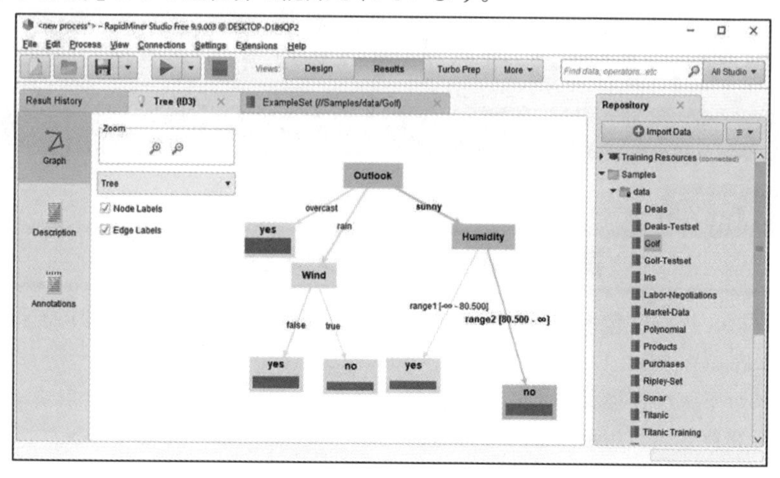

図43-2　計算が終わって決定木図が出力された画面

○ 決定木(けっていぎ：Decision tree)

機械学習で重要な位置を占めるものに決定木があり、その中のもっとも重要なものに「ID3」(Iterative Dichotomiser 3)があります。
「ID3」とは、「教師あり学習アルゴリズム」の1つで、 各変数の平均情報量の平均値を求めて、その中から最大のものを選ぶという手法を取ります。

この手法は、ジョン・ロス・キンラン(John Ross Quinlan、1943-)によって提唱され、その後、「C4.5」や「C5.0」などの決定木の手法へ拡張されています。

機械学習・AIの重要な特徴は、「分類」、「予測評価」の2つにあります。
特に、分類では、「決定木」が視覚的に分かりやすいという利点をもっています。

「RapidMiner」は、決定木の図化がないというWekaの視覚的な弱点を補うことに注力されて作られてきたという経緯があります。

＊

さらに細かく言うと、決定木には、実数値をとる関数の近似に使う「回帰木」(Regression tree)と、分類を行なう「分類木」(classification tree)の2つがあります。

「ID3」は、最低限の仮説で行なうという「オッカムの剃刀(かみそり)」(Occam's razor)の原理に基づいて作られています。「ある事柄を説明するためには、必要以上に多くを仮定するべきでない」という考え方です。

「ID3」の入力情報のノイズを取り除くことで、その拡張版として「C4.5」という決定木が作られ、さらに商業用に計算速度などを改良した「C5.0」があります。

下の図は、WekaのTreesの「J48」というアルゴリズムです。この「J48」はWekaでは「J48」という名称を使っていますが、中身は「C4.5」です。

データは日本語データをExcelのcsv形式で作成し、「華氏」は「摂氏」に直したデータを使っています。「Program files」の中のWekaフォルダの中の「dataフォルダ」に「weather.nominal (文字データ)」、「weather.numeric (数値データ)」があります。数値データをExcelで編集したものを使っています。

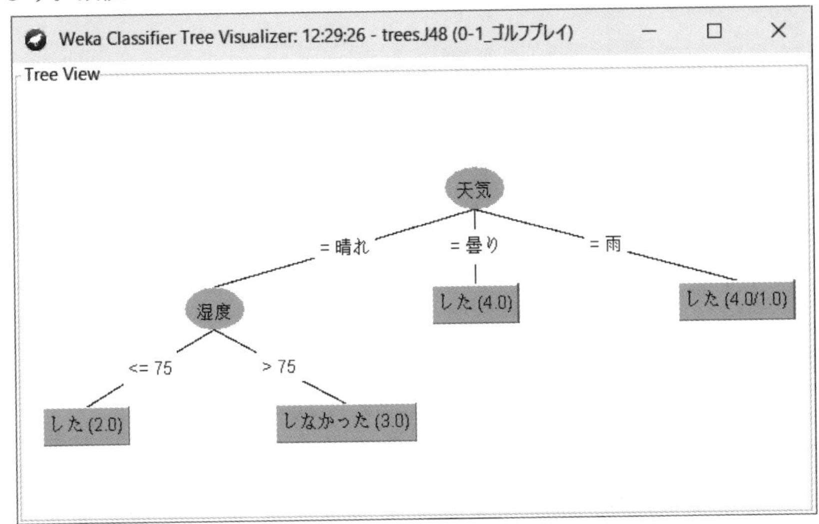

図43-3　Wekaで計算した「ゴルフプレイ」の決定木(J48)

＊

機械学習・AIを自由に使っていくために非常に重要なものが「決定木」です。

すでに、AIの大きな特徴は、「分類」と「予測評価」の2つであることは述べましたが、ここでは具体的な例題を使った「決定木の読み解き方」についてお話ししましょう。

	A	B	C	D	E	F	G
1	No	弁当類	レジ前	スイーツ類	コーヒー類	その他	日売上(万)
2	no1	8	8	9	8	8	55
3	no2	9	7	8	9	8	57
4	no3	7	6	7	6	6	43
5	no4	8	7	8	7	6	47
6	no5	4	6	5	6	4	36
7	no6	4	5	6	5	5	37
8	no7	6	6	7	6	4	39
9	no8	5	6	7	6	5	40
10	no9	5	6	7	6	5	40
11	no10	5	6	7	6	5	40
12	no11	6	6	7	7	5	42
13	no12	6	7	8	8	7	46
14	no13	8	7	7	8	8	48
15	no14	9	7	8	7	8	52
16	no15	3	4	4	4	5	30
17	no16	3	6	4	4	4	33
18	no17	3	5	6	4	3	34
19	no18	3	4	6	4	4	34
20	no19	10	9	10	9	7	60

データの値は、それぞれ1から10までを取っています。これは「1」は、「取扱量」がほとんどない、「10」がかなり充実しているという順序尺度を用いています。

具体的な数値データある場合は、それで試されるとよいと思います。

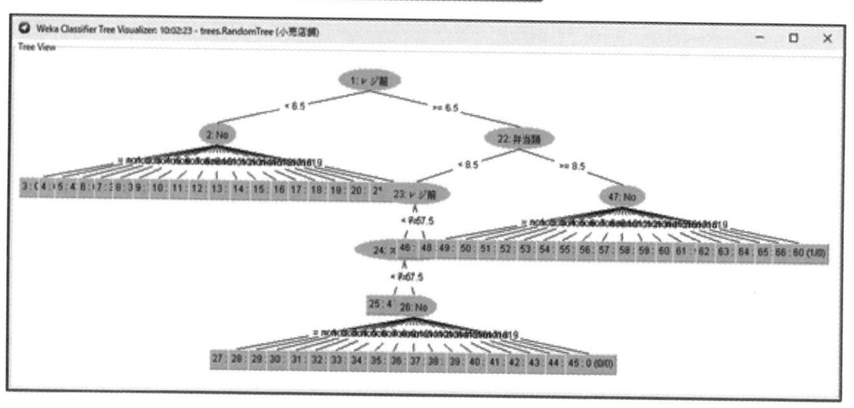

図43-4　決定木を理解するための最初のデータ(Noあり)と決定木図

次に、データにある「No」を消したデータで決定木を計算してみます。

	A	B	C	D	E	F
1	弁当類	レジ前	スイーツ類	コーヒー類	その他	日売上(万)
2	8	8	9	8	8	55
3	9	7	8	9	8	57
4	7	6	7	6	6	43
5	8	7	8	7	6	47
6	4	6	5	6	4	36
7	4	5	6	5	5	37
8	6	6	7	6	4	39
9	5	6	7	6	5	40
10	5	6	7	6	5	40
11	5	6	7	6	5	40
12	6	6	7	7	5	42
13	6	7	8	8	7	46
14	8	7	7	8	8	48
15	9	7	8	7	8	52
16	3	4	4	4	5	30
17	3	6	4	4	4	33
18	3	5	6	4	3	34
19	3	4	6	4	4	34
20	10	9	10	9	7	60

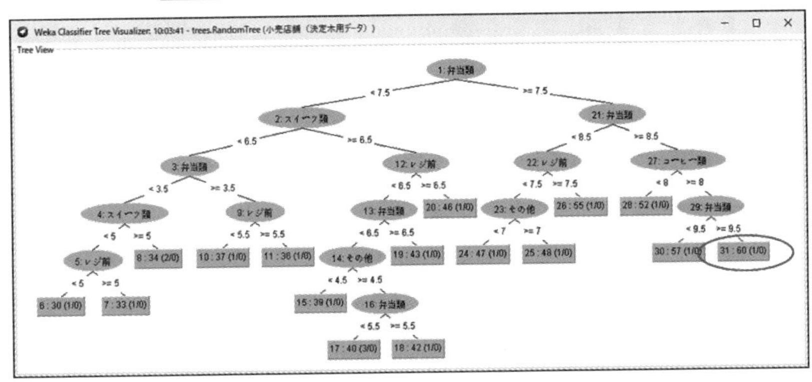

図43-5　決定木を理解するための最初のデータ（Noなし）と決定図

決定木を上手に使うコツは、先の例にある「No付けをせず、Noを除いてデータ化」することにあります。後者の計算では、決定木の本来の意味が分かりやすくなります。

たとえば、1日の売り上げを「60万」にしたいのであれば、決定木の上から分類をたどり、弁当類取り扱いを7.5以上にし、次の段階の弁当取り扱を見て、取り扱い比率を8.5にします。

さらに、コーヒー類を8以上として、昼食時には、弁当を9.5以上にすることで、1日当たりの売上を60万円に伸ばすことができることを示しています。

第44夜 ディープラーニング(深層学習)とは

よく「Deep Learning」(ディープラーニング：深層学習)という言葉を見聞きする機会が増えてきました。

今宵は、このディープラーニングについて、話をしましょう。

＊

ディープラーニングは、パーセプトロン(いわゆるニューラルネットワーク)を基本モデルとして、入力層・中間層・出力層から構成される「人の脳を模倣したモデル」をもち、「連続する表現の層」の「モデルの深さ」を指しています。

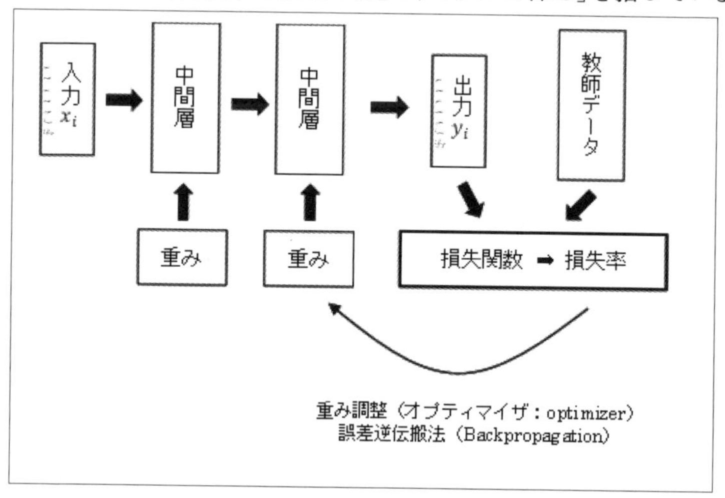

図44-1　ディープラーニングの流れ

AIで多用されるニューラルネットワークでは、**図44-1**の流れをもちますが、中間層(あるいは隠れ層)の数が増えると「Deep化」させることができます。

プログラミング型AIでは当然、層の設定が任意でできますが、Wekaなどのパッケージ型のAIでも層を深層化させることができます。

また解の精度は、「重みの調整(パラメータの調整)」で大きく変化します。

ディープラーニングを理解していくには、すべてを完全に理解するのは、かなり荷が重いと言えます。そこで、最低限知っておいた方がよいという項目についてお話ししていきます。

○行列(Matrix)の基本的な計算

最初に、AIのニューラルネットワークでのデータが各層に入っていく際に不可欠な行列計算(Matrix)を簡単にしましょう。

$$A=\begin{pmatrix}1&2\\3&4\end{pmatrix},\ B=\begin{pmatrix}5&6\\7&8\end{pmatrix}$$

というようにデータがあったとします。

ここは、「足し算」と「掛け算」をします。

このとき、行列での掛け算は「内積(ないせき)」と定義されるので、掛け算の記号は「・」(ドット)を使います。

一方で、ベクトルにスカラーが掛け合わせられるときは「外積(がいせき)」となり、「y=3x=3×x」などのように、記号は「×」を使います。

論文の執筆時には厳密に区分する必要がありますが、通常時はあまり神経質になることはありません。

多くは、パッケージ型AIでもプログラミング型AIでも、それらはPythonなどがもっているライブラリーで計算されてしまうからです。

$$A+B=\begin{pmatrix}1+5&2+6\\3+7&4+8\end{pmatrix}=\begin{pmatrix}6&8\\10&12\end{pmatrix}$$

$$AB=\begin{pmatrix}1&2\\3&4\end{pmatrix}\begin{pmatrix}5&6\\7&8\end{pmatrix}=\begin{pmatrix}1\cdot5+2\cdot7&1\cdot6+2\cdot8\\3\cdot5+4\cdot7&3\cdot6+4\cdot8\end{pmatrix}=\begin{pmatrix}19&22\\43&50\end{pmatrix}$$

$$BA=\begin{pmatrix}5&6\\7&8\end{pmatrix}\begin{pmatrix}1&2\\3&4\end{pmatrix}=\begin{pmatrix}5\cdot1+6\cdot3&5\cdot2+6\cdot4\\7\cdot1+8\cdot3&7\cdot2+8\cdot4\end{pmatrix}=\begin{pmatrix}23&34\\31&46\end{pmatrix}$$

$$AB\neq BA$$

ただし、この「AB≠BA」は、とても重要です。

現在はWeb上に行列計算をしてくれる電卓機能付きのサイトもあるので、気軽に計算確認ができますが、機械学習・AIでは、とても手計算でやれる範疇ではありません。

基本的な考え方だけ理解しておけばよいのです。

○ 中間層でのデータの動き

AIの基本モデルであるニューラルネットワークのデータが変遷する過程を部分抽出してみましょう。

図44-2の点線の枠の部分を「出力 ➡ 活性化関数z」で表わしたものに着眼します。

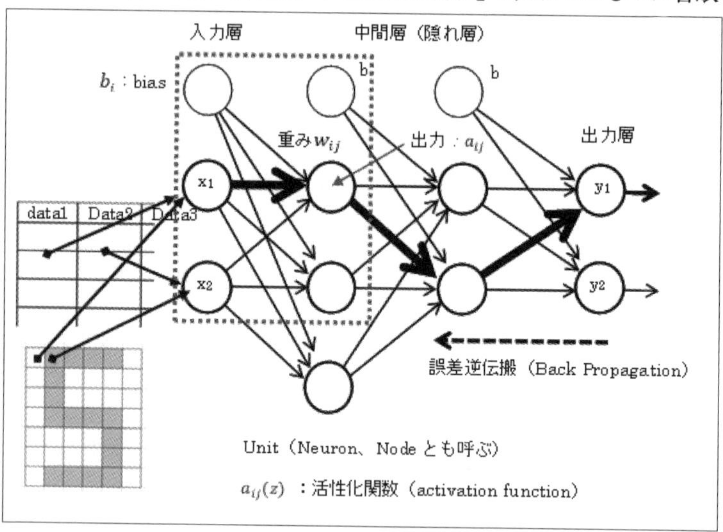

図44-2　Neural Network (Deep Learning)のネットワーク

・入力層から中間層への遷移

$$z_1 = w_{11}x_1 + w_{12}x_2 + w_{13}x_3 + \ldots + b_1$$

$$z_2 = w_{21}x_1 + w_{22}x_2 + w_{23}x_3 + \ldots + b_2$$

$$z_3 = w_{31}x_1 + w_{32}x_2 + w_{33}x_3 + \ldots + b_3$$

・中間層からの出力の遷移（wが中間層1としたときは、aは次の層への出力）

$$z_1 = w_{11}a_1 + w_{12}a_2 + w_{13}a_3 + \ldots + b_1$$

$$z_2 = w_{21}a_1 + w_{22}a_2 + w_{23}a_3 + \ldots + b_2$$

$$z_1 = w_{11}a_1 + w_{12}a_2 + w_{13}a_3 + \ldots + b_1$$

$$z_2 = w_{21}a_1 + w_{22}a_2 + w_{23}a_3 + \ldots + b_2$$

この遷移過程をMatrix表現すると、次のようになります。

・入力層から中間層への遷移

$$\begin{pmatrix} z_1 \\ z_2 \\ z_3 \end{pmatrix} = \begin{pmatrix} w_{11} & w_{12} & w_{13} & \ldots \\ w_{21} & w_{22} & w_{23} & \ldots \\ w_{31} & w_{32} & w_{33} & \ldots \end{pmatrix} \begin{pmatrix} x_1 \\ x_2 \\ x_3 \\ \ldots \end{pmatrix} + \begin{pmatrix} b_1 \\ b_2 \\ b_3 \end{pmatrix}$$

・中間層からの出力の遷移（wが中間層2としたときは、aは前の層の出力）

$$\begin{pmatrix} z_1 \\ z_2 \end{pmatrix} = \begin{pmatrix} w_{11} & w_{12} & w_{13} \\ w_{21} & w_{22} & w_{23} \end{pmatrix} \begin{pmatrix} a_1 \\ a_2 \\ a_3 \end{pmatrix} + \begin{pmatrix} b_1 \\ b_2 \end{pmatrix}$$

つまり、AIの基本モデルであるニューラルネットワークは中間層が深層化したディープラーニングになっても、「データは行列計算（Matrix）によって行なわれる」ということに他なりません。

手計算で…というのは無謀過ぎるので、AIのパッケージ型、あるいはPythonなどのプログラム型のソフトウェアでは、こうした計算はライブラリーですでに多くのものが用意されています。

データの量が多くなると、演算に要する時間は一気に膨大化していきます。

このため、このような演算を助ける「TensorFlow」（テンソルフローまたはテンサーフロー）や「Keras」（ケラス）などの、「フレームワーク」として2015年に一般に公開されました。

第45夜

アダムとイブ、永遠に解けない愛のゆらぎ

アダムとイブの話は、旧約聖書の創世記に登場する地球の最初の人間です。イブは英語読みですが、もともとヘブライ語でアダムとエバと読むようです。その語源は、アダムは「土と人の2つの意味」をもち、エバは「生命(いのち)の意味をもちます。

今宵は、この「アダムとイブ」についての話をしましょう。

*

はじめから少々脱線しますが、人工知能AIや数学でよく使われる「マトリクス」(Matrix)という言葉は、ラテン語の「Mater(母)＋ix」に由来しています。

ストレートな訳語では医学的な「子宮」を意味しますが、Matrixは「生み出すもの」と解釈されています。

同様に「セル」(cell)という言葉もよく出てきます。

これもラテン語では「cella」で、小さな細胞という意味です。

これをもとに「小さな区画」とも呼ばれており、Excelではお馴染みですね。

…さて、冒頭の話を少し続けないと、テーマに到達しそうにないので、戻りましょう。

アダムとイブ(エバ)が生まれ、彼らが暮らしたところは「エデンの園」です。

ラテン語で「Gan Eden」で英語では「Garden of Eden」です。邦訳すると、理想郷とかパラダイスとも呼ばれます。聖書の創世記では、アダムとイブが創造された後に、彼らが暮らす園の外には植物などが何もない世界でした。

その園にはあらゆる木々があり、園の真ん中には「生命の木」と「知恵の木」の2本がありました。これらの木々はすべて食べることができるものですが、創造主(神)はアダムに「善悪の知の実」だけは食べてはならないと命じました。いわゆる「欲望の対象を生み出す実」です。そのとき創造主はイブにはそのことを告げていませんでした。このイブにヘビが近づき、その実を食べさせてしまいます。

イブに言われたままアダムも食すると、初めて自分たちが裸であることに気が付き、それを恥じてイチジクの葉で腰を覆います。創造主はこれに怒り、ヘビを生涯、腹這いの生物とし、イブに妊娠と出産の苦しみを与えます。同時に園にあった多くの果実は額に汗して働かなければ食べるものを手に入れられないほど実りが減少させられてしまった・・・というのが創世記に出てくるアダムのイブの物語です。

また脱線しますが、ドイツの哲学者フリードリヒ・ニーチェ(Friedrich Wilhelm Nietzsche：1844～1900)は古典文献学者としても知られています。映画スタンリー・キューブリックの名作「2001年宇宙の旅」のもとになった原作は、ニーチェの「ツァラトゥストラはかく語りき(Also sprach Zarathustra)」で、その後の著書の「善悪の彼岸(Jenseits von Gut und Böse)」では、道徳性について哲学的考察をするさいにキリスト教の多くの前提を盲目的に受け入れることに疑念を投じた哲学書として世界に多く読まれています。

○ X＋Y＝Love…？

1970年8月10日に日本コロムビアから「ちあき なおみ」が「X＋Y＝LOVE」をヒットさせました。

なかなか魅力的な「歌のタイトル」で強烈にタイトルだけが今も記憶に残っています。

ある未知の関係を示すいくつかの関係を示す式を「方程式」と言います。
お互いに何らかの関係があるものを「関数」(function)と呼びます。

このタイトルの関数(方程式)では、もしXかY、どちらかがいなくなっても、

X＝0、またはY=0のとき、

X+0 = LOVE

または、0+Y＝LOVE

つまり、X=LOVE、またはY=LOVEとなります。

少々文学的(?)に解釈すると、「私はひとりでも愛を生きられる！?」ということを式は意味しています。
それであると、当然ですが出会いは無用であり、人類の子孫への継承ということは限りなく困難なような気がします。

どうも式である方程式に無理があるのではないかと疑問が生まれます。

アダムとイブの問題では、次世代への継承が途切れてしまうことになります。医学的には、男と女がいて初めて子供が生まれるのですから、X単独やY単独では、世界は継承されないことになります。

つまり、AdamとEveの問題はもう少し複雑な関りがありそうだ…と、考えることができそうです。男と女がお互いに独立した存在でありながら、密接な関りがあるとすれば・・・、

「足し算」(＋)であっても影響を与える非独立的な存在を考えると「掛け算」(×)なのでしょうか？？？
では、実際に考えてみましょう。

X × Y ＝ LOVE

つまり、LOVEを「XY」(これで掛け算の表現になります)」で考えてみます。
Adamもしくは Eveは相手の気持ちで自分の気持ちも変化します。相手が喜んでくれれば自分もうれしいし、悲しければ、自分も悲しいということです。

たとえば、ひとつのケーキを半分にすると2つになります。そのうちの1つは次のように表現します。

$$\frac{1}{2}$$

これは誰でもイメージができる分数です。

実は、「変化する状態」を理解するには、「微」々たるものをを少しずつ「分」け

て考える、「微分」という便利な魔法のランプがあります。

微分は、約束事となる式が突然難解になるので、面倒かもしれませんが、もう少しお付き合い下さい。

アダムとイブの例で、アダムをx、とイブをyで考えると、

$\frac{y}{x}$ または $\frac{x}{y}$

でとりあえず表現できます。

これに、変化する状態によって生じるものの違いを表わす「diffrential」から「d」をとって、変化の状態を表現します。

$$\frac{dy}{dx}$$

yのイブが分子で、xのアダムが分母です。イブの変化によってアダムも変化する、2人で全体の1つであるという表現ができました。

上式のxとyを掛け合わせた式を入れて、全体を釣り合うようにします。

$$\frac{dy}{dx}=xy$$

数学では、これを「微分方程式」と呼んでいます。

この式は解くことができるので解いてみましょう。

微分の式をバラすので、左の辺と右の辺に$(1/y)$ dxを掛けます。

$$\frac{1}{y}dx\times\frac{dy}{dx}=\frac{1}{y}dx\times xy$$

$$\frac{1}{y}dy=x\,dx$$

これを解くには、両方の辺を「積分」します。

一度習っていても、忘れた方が多いかと思いますが、微分を解くにはその反対の性質をもつ積分をすることで、ややこしい記号が最後にはなくなります。

$$\int\left(\frac{1}{y}\right)dy = \int x\,dx$$

本当は、これを解く際は積分定数(C)が付きますが、簡略化のため省きます。

$$\ln y = \frac{1}{2}x^2$$

一応これで微分記号と積分記号はなくなりましたが、「ln」というややこしいのがでてきました。
これは自然対数と呼ばれるもので、底(てい)が「e」というネイピア数です。

対数は、

$$\log_{10} r$$

という形で表わしますが、このさいのlogの真ん中の下にあるのが「底」と呼ばれるもので、全体を10段階にしようという約束事です。

この式は常用対数と呼び、上の「ln」は「自然対数」(Natural logarithm)と呼んでいます。いずれも関数付きの電卓で計算ができます。

さて、この「ln」(ログ)がアダムとイブの問題を解く大きな鍵になります。

この底の「e」は、変化する状態が「0と1の間のときの変化の度合いを表す傾き」のもので、ネイピア数は次のようになります。

e = 2.71828 18284 59045 23536 02874 71352 …

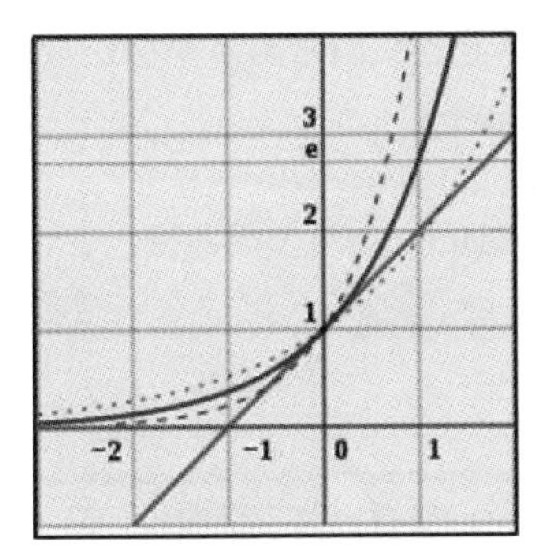

図45-1　Napier数のグラフ化（赤い線が傾き）

この自然対数の状態を見てみましょう。

次の図が、自然対数のグラフです。この図の意味合いを見てみますと、横軸のx方向に行くに従って緩やかに増加して最後は無限に発散します。

逆に0に近づくと緩やかにマイナスの無限大へ突入していきます。

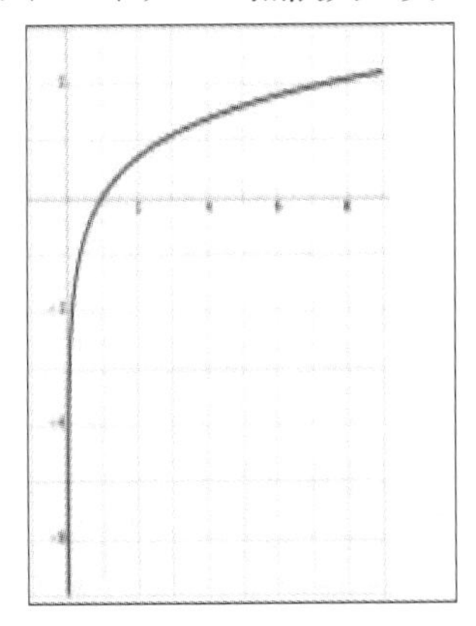

図45-2　自然対数のグラフ化

つまり、「アダムとイブは永遠に解けない状態」の問題であるということです。それでは、あまりにも悲し過ぎるので、「互いにそばにいられる期間はあるものの、時間がどんどん立っていけば、やがて遠ざかっていく運命にある・・・ということで、愛が永遠であるというのは、記憶の中にのみ存在する」ということなのでしょうか。

式の上では、上のようにややこしいはずのAdamとEveの問題も解けましたが、その答えの位置はいったいどこにいるのかが分からない無限の空間を「さ迷っている」ということになります。

人類が誕生したときのAdamとEveの問題は、このように永遠の中を絶えずゆらいでさ迷っている…という「永遠に解けない問題」なのかもしれません…。

第46夜
タイタニックの生存確率をAIで解く

今宵は、1997年公開の映画「タイタニック」(TITANIC)に出てくる主人公の生存確率を、実際の乗客名簿を学習データとして使って求めるシミュレーションの仕方を紹介します。

*

タイタニック号(正式名：Royal Mail Ship Titanic)は1912年4月14日23時40分に大西洋の氷山に衝突し、乗員乗客2,224人のうち1,513人が犠、牲(他に諸説あり)となった痛ましい海難事故です。

総トン数 46,328t, 全長269.1m, 全幅28.2m, 高さ53mで、1985年9月1日に海底3,650mに沈没しているのが見つかりました。

図46-1　タイタニック号

※出典①：Noblesse Oblige? Determinants of Survival in a Life and Death Situation, BRUNO S. FREY DAVID A. SAVAGE BENNO TORGLER CESIFO WORKING PAPER NO. 2425, CATEGORY 10: EMPIRICAL AND THEORETICAL METHODS, OCTOBER 2008
②：Encyclopedia Titanicia. (2008, 20th August 2008). Retrieved 20th March, 2008,
From　https://www.encyclopedia-titanic.org/)

映画では、この史実をもとに製作され、Jack Dawson役のレオナルド・ディカプリオと彼の恋人のRose DeWitt Bukater役のケイト・ウィンスレットが主演となり、最後には恋人のローズが生き残るという物語です。

タイタニック号の乗客名簿と諸データはRapidMinerのExample Setのサンプルデータとして入っています。

映画の話ではありませんが、このタイタニック問題は、機械学習の懸賞コンペとして「Kaggle」で出題されたテーマの1つです。

ここで映画の主人公のデータを、タイタニックの乗客名簿の項目に沿って、記載しておきましょう。

- Jack Dawson：17歳，male（男），3等船室，乗船地 Southampton，伴侶・家族なし
- Rose DeWitt Bukater：16歳，female（女），1等船室，乗船地Southampton，伴侶あり

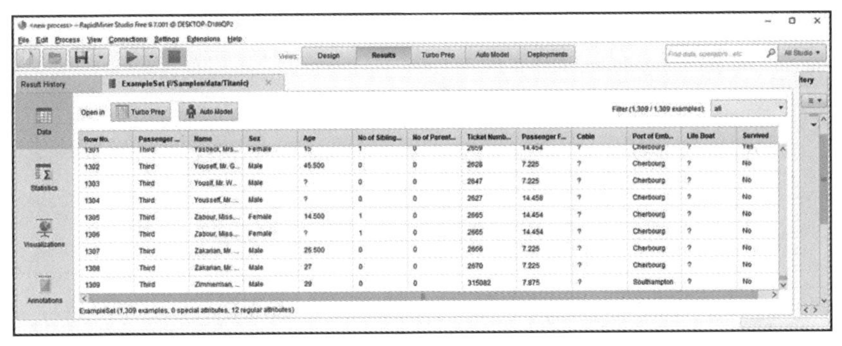

図46-1　RapidMinerのサンプルに実装されているTitanic乗員名簿1309人分のデータ

＊

「Kaggle」は、2010年4月にアメリカで世界中の機械学習・AIの統計専門家、データ分析者、技術者、研究者らが最適なモデルを競い合うことを前提に設立された運営会社。2017年にGoogleによって買収されました。

公開課題方式で、出題された課題の最適解を与えた回答者には賞金と引き換えに、第三者が利用できる公式ブログに掲載され、多くの機械学習・AIの進

展へ貢献してきています。

タイタニックのコンペは常時開放されていたオープンコンペで、誰でもKaggleに登録すれば解答を送ることができます。

データはGitHub（ソフトウェア開発のプラットフォーム）に、初心者用にアレンジされたデータと模範となるPythonによる解答が掲載されています。

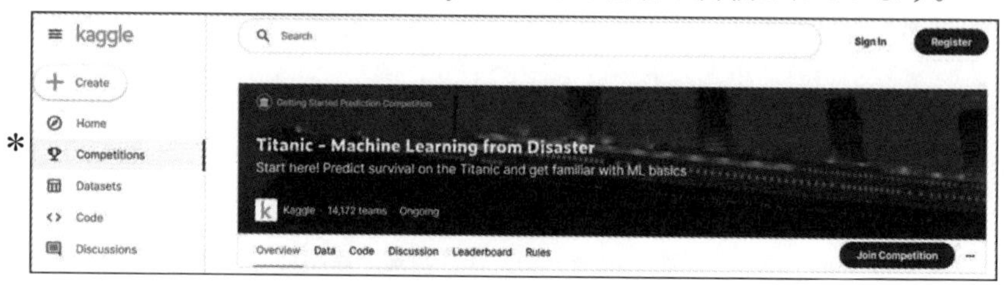

図46-2　TitanicのKaggle懸賞コンペ

それでは、実際に解いてみましょう。

Weka3.8.6を使って、下のRapidMinerのサンプルデータを加工したものを使用して再計算したものを掲載します。

	A	B	C	D	E	F	G	H
1	Passenger	Sex	No of siblings or Spouses on Board	No of Parents or Children on Board	Passenger Fare	Port of Embarkation	Survived	
2	First	Female	0	0	211.3375	Southampton	Yes	
3	First	Male	1	2	151.55	Southampton	Yes	
4	First	Female	1	2	151.55	Southampton	No	
5	First	Male	1	2	151.55	Southampton	No	
1302	Third	Female	1	0	14.4542	Cherbourg	Yes	
1303	Third	Male	0	0	7.225	Cherbourg	No	
1304	Third	Male	0	0	7.225	Cherbourg	No	
1305	Third	Male	0	0	14.4583	Cherbourg	No	
1306	Third	Female	1	0	14.4542	Cherbourg	No	
1307	Third	Female	1	0	14.4542	Cherbourg	No	
1308	Third	Male	0	0	7.225	Cherbourg	No	
1309	Third	Male	0	0	7.225	Cherbourg	No	
1310	Third	Male	0	0	7.875	Southampton	No	
1311	Third	Male	0	0	25	Southampton	?	
1312	First	Female	1	2	200	Southampton	?	
1313								

図46-3　Titanic号の乗客名簿のデータ

枠内上：Jack Dawson（17歳）
枠内下：Rose DeWitt Bukater（16歳）
・予測で求めるのは生存確率
・Survivedの列で、入れるデータはExcelで「？（半角英数）」で入力。

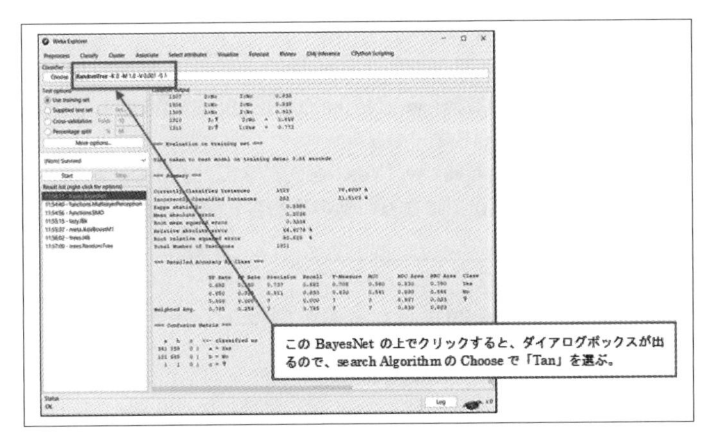

図46-4　Weka3.8.6を使ったベイジアンネットワーク

ベイジアンネットワーク(Bayesian network)は、1985年にジューディア・パール(Judea Pearl, 1936-)によって命名された人工知能分野で、複雑な因果関係を有向非巡回グラフ構造で示す確率推論モデルです。

計算結果を下に記載します。

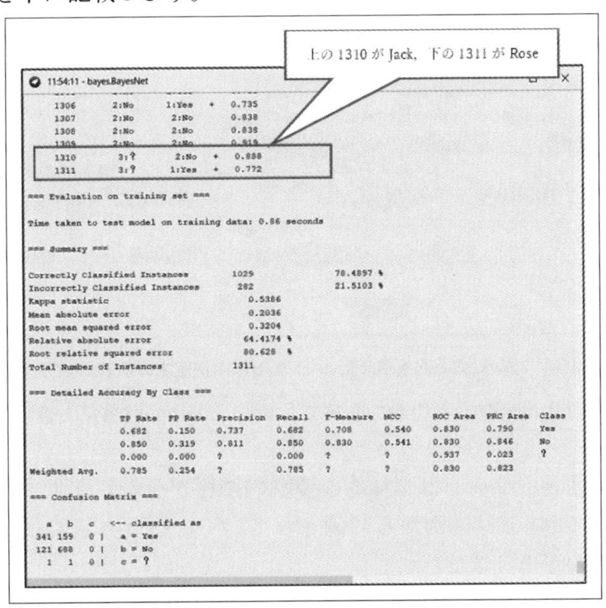

図46-5　Weka3.8.6を使ったベイジアンネットワークの続き(TANアルゴリズム)
(TAN : Tree Augmented(増強) Naive Bayes)

計算の結果は次のようになりました。

- ・Jack Dawson（17歳）
  ➡ Survived（生存の有無）➡「No」➡ 0.888（88.8%）の確率で生存不可
- ・Rose Dewitt Bukater（16歳）
  ➡ Survived（生存の有無）➡「Yes」➡ 0.772（77.2%）の確率で生存可能

（※ ただし、映画での状況ではなく、他の乗船客と同じであればという中での計算です。）

視覚化した各要素の関係を図化したものを掲載しておきます。

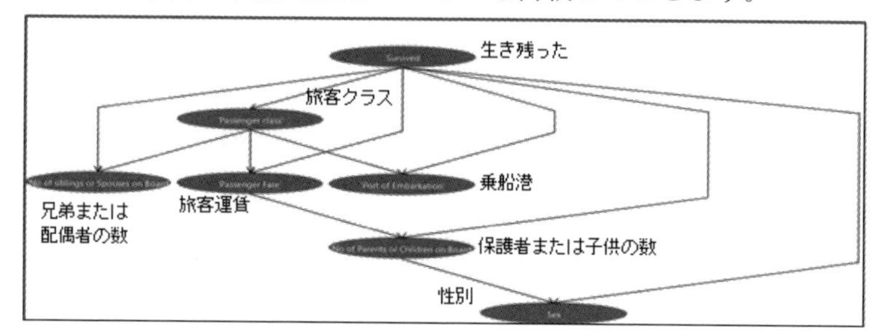

図46-6　Weka3.8.6を使ったベイジアンネットワークのTANアルゴリズム

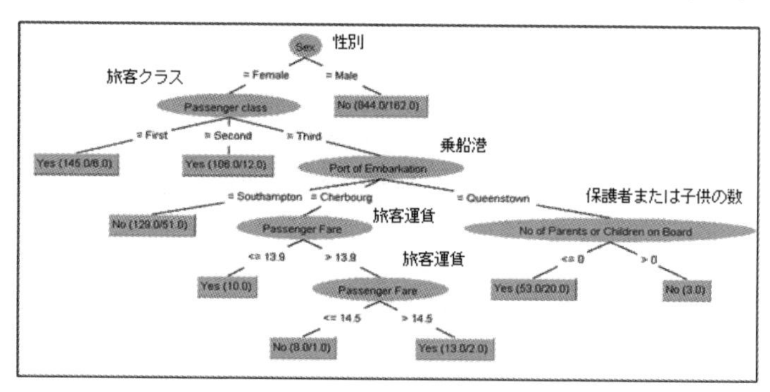

図46-7　Weka3.8.6を使ったJ48の決定木（決定木のC4.5のモデル）

（※ Yes・Noは生存したのかの有無で、カッコの中の数値は人数）

ベイジアンネットワークは全体的な要素の関係が分かります。

それに対してJ48では性別から評価されていくという方法になっていてとても興味深いものがあります。

参考までに、J48の計算では、「Jack：No，0.808（80.8%で生存不可）」と「Rose：Yes，0.959（95.9%の確率で生存可能）」でした。

エピローグ

悪魔と天使の狭間にある世界でもっとも美しい方程式

バベルの塔は、「第5夜」の話に出てきました。神様は、同じ言葉を多くの民が話していることで悪行というものが広まってしまったことに怒り、相手の言葉を理解できなくしようとして罰を与えたのが、創世記第11章1-9節の「言語の混乱」でした。

世界には、非常に多くの生活や慣習、そして言語の違う人々が住んでいますが、ただ1つ「どこでも通じる魔法の言葉」があります。

それが、数式という記号をもつ「数学」です。
「+、−、×、÷(または分数)」は、どこへ行ってもほぼ世界中で理解ができる(言語)記号です。

そして、これらの数学が、天体を観測し、季節を知り、農耕を豊かにし、技術の進歩に欠かせない「魔法のランプ」として、明日を照らしてきました。
しかし。この数式は使う人によっては、戦争を引き起こし多くの命を奪ってきたという悲しい歴史も同時に存在します。

数学という魔法のランプは、明日を照らす天使か、あるいは悪魔か？

いつにもなく空気が澄み、遥か彼方まで星が瞬いている晩のことでした。
シャハリヤール王が、何度もつぶやいていました。
姫のシエラザードと妹のドニアザードが寝間に入ってきたことも気が付かないように、星空を見上げていました。

シエラザードが炉に火をくべると、王様はやっと気が付いたようです。
「おぉ、姫とドニアザードか…。すっかり暗くなってしまった」
そう言って、王様がふたりに葡萄の酒の盃を渡しました。
「今宵は、どんな話をしてくれるのかな？」と、上機嫌そうに王様が聞きました。

「王様。今宵は、いよいよ最後のお話しです」
「なんと！最後とな…」
王様は、姫がどこか遠い世界へ行ってしまうのかと、ふと不安にかられ、
「どこか、遠くへでも行くのか？」

姫は優しい微笑をしただけで、それには答えず話を始めました。

*

この図を見て下さい。
これは、1965年に日本の朝永振一郎とともに量子電磁力学でノーベル物理学賞を受賞したファインマン(Richard Phillips Feynman、米、物理学者、1918-1988)が、岩波書店の「ファインマン物理学、1977年」に、「すべての数学のなかでも、もっとも素晴らしい公式」だと述べていた式です。

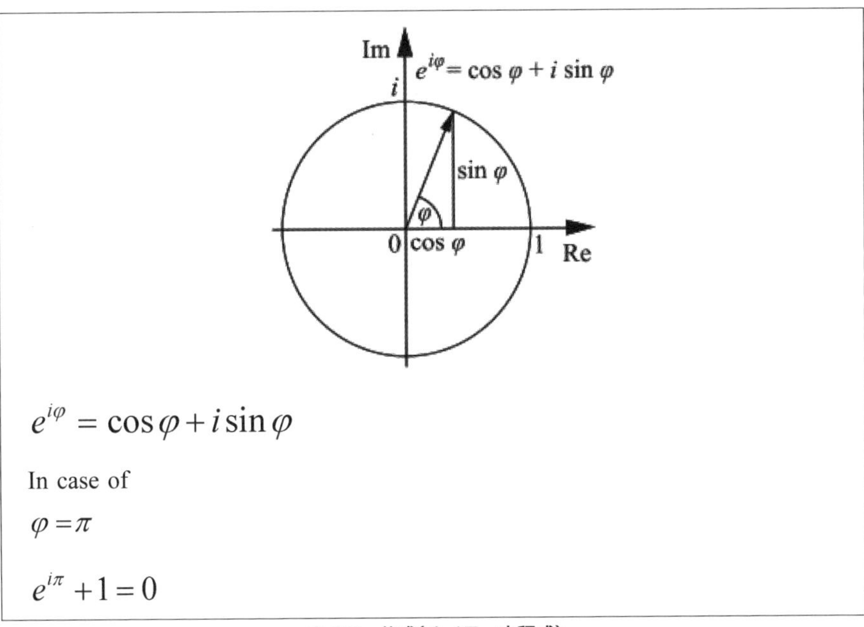

オイラー公式（オイラー方程式）

図の縦軸は、「Im：虚軸（虚数の領域）」で横軸が「実軸：Re（実数の領域）」と呼ぶ「符牒（ふちょう）：数学のΔ（デルタ）記号のような用語」からできています。

＊

「ふむ、このどこが世界一素晴らしいのか…はてさて」と、王様は何度もその方程式を覗き込んでいます。

シエラザードは、その方程式に「＋」（プラス）と「－」（マイナス）を書き込みました。横軸と縦軸の交点より左が「マイナス」、右が「プラス」です。

そして、縦軸も交点から上が「プラス」で下が「マイナス」です。

この方程式は、「$\phi = \pi$」、つまり180°のときに、

$$e^{i\pi} + 1 = 0$$

と、いう式になります。

つまり、180°のときに、「プラスの世界から、マイナスの世界へと架け橋」ができることを意味しています。

「そして、この“1”というのはなんだと思います？　王様」と姫が聞きました。
「ふむ、ある何か、じゃな…」と王様がつぶやくと、
「えぇ、これは“人”であると考えて下さい」と答えました。
「なに！？ 人とな」と王様が言うと、姫はうなずきました。

この“1”が入ったことで、“＋1”となり、その結果が“0”となるのは、どういうことを意味しているのかと王様が尋ねると、

「0は、“何もない”…のではなく、1である人に悪魔がささやくと、何もない不毛の0になり、そうではなく、1である人に天使がささやくと、穏やかで安定し争いがない0になるということを指していると思いませんか」と姫は王様に問いかけました。

「この $e^{i\pi}$ は、4つの魔法のランプの3つ目。そして、右のsin・cosは4つ目の魔法のランプです。
これが、波…つまり鼓動です。人の命の源なのです。
そう考えると、命の源は美しい宇宙と同じとも言えるものではないでしょうか…。
この4つの魔法のランプが現れて初めて、未来をも照らすことができるのですね」と、姫が言いました。

王様は、目を輝かせ姫とドニアザードを交互に見て何度もうなずいています。

「この4つの魔法のランプでできた方程式は、たった1つの式に無限の可能性を秘めている、とても美しく素晴らしい数式」ということなのか、と姫に聞きました。
「そう思います」と答えた姫を見て、王様はとても満足しています。

そして、姫の最初の言葉が気になっていたのか、シエラザードにどこにも行かずずっと傍にいて欲しいと言って、正式な妻にしたいと申し出をしました。
シエラザードは優しく王様を見つめて、こくりと微笑みました。

それは、星がいくつも降るとてもきれいなある夜のこと…でした。

参考文献

01：科学雑学研究倶楽部編、数学のすべてがわかる本、Gakken、2020.2.13.（第4刷）

02：今野紀雄、数はふしぎ、サイエンス・アイ新書、2018.10.25.

03：岡部恒治・本丸 諒、本当は面白い数学の話、サイエンス・アイ新書、2018.3.25.

04：安藤久雄、ひらめきを生む「算数」思考術、講談社、2018.1.20.

05：西成活祐、とんでもなく役に立つ数学、角川文庫、平成31年3月5日（21版）

06：博学こだわり倶楽部編、日本人なら知っておきたい《数》の風習の謎、河出書房新社、2014.1.5.

07：吉田信夫，虚数と複素数から見えてくるオイラーの発想，技術評論社，2013.4.25.

08：竹内 薫，へんな数式博物館，技術評論社，H20，110.10.

09：科学雑学研究倶楽部編、単位と記号の秘密がわかる本、Gakken、2019.3.5.

10：大村 平，人工知能のはなし，日科技連，1992.8.31.

11：Mark Buchanan（坂本芳久訳），複雑な世界、単純な法則，草思社，2005.3.18.

12：岸野正剛，今日から使える物理数学，講談社，2019.3.28.

13：Sebastian Raschka/Vahid Mirjalili，Python 機械学習プログラミング，㈱クイープ・福島真太朗監訳，インプレス，2018.3.21.

14：鈴木義一郎，現代統計学小辞典，講談社，1998.3.20.

15：大関真之，機械学習入門，オーム社，2018.3.25（第1版第5刷）.

16：Csaba Szepesvari（小山田創哲訳者代表），速習強化学習，共立出版，2017.10.20.

17：涌井良幸・涌井貞美，ディープラーニングがわかる数学入門，技術評論社，2017.4.10.

18：立石賢吾，機械学習を理解するための数学のきほん，マイナビ，2017.10.20.

19：武者利光，ゆらぎの世界，講談社，1997.1.23.

20：武者利光，ゆらぎの発想，NHK出版，1998.4.1.

21：武者利光・沢田康次，ゆらぎ・カオス・フラクタル，日本評論社，1993.10.30.

22：別冊・数理科学，ゆらぎ・カオス・フラクタル，サイエンス社，1994.4.10.

23：登坂宣好・矢川元基，計算力学と境界要素法，養賢堂，1994.2.1.

24：登坂宣好他，境界要素法の基礎，日科技連，1987.3.1.

25：武藤佳恭，超実践アンサンブル機械学習，近代科学社，2016.12.26.

26：和田尚之，機械学習コレクション Weka入門，工学社，2019.8.30.

27：和田尚之，「機械学習」と「AI」のはなし、工学社、2020.9.25.

28：和田尚之，実務のための「機械学習」と「AI」，工学社，2021.5.30.

29：和田尚之,「機械学習・AI」のためのデータの自己組織化, 工学社, 2022.7.25.
30：上垣 渉、分数の起源に関する史的考察、三重大学教育学部研究紀要、第47巻 自然科学(1996)、1-17頁
31：IAN STEWART、IN PURSUIT OF THE UNKNOWN (17 Equations That Changed the World)、BASIC BOOKS A Member of the Perseus Books Group、New York、2013.10.8. (Paperback first published)；「世界を変えた17の方程式」
32：ロバート・P・クリース(吉田 三知世翻訳)、世界でもっとも美しい10の物理方程式、日経BP社、2010.4.22.
33：佐藤敏明、世界一美しい数式「ei π＝－1」を証明する、日本能率協会マネジセンター、2019.4.18.
34：望月新一(京大数理研)、宇宙際タイヒミューラー理論への誘(いざな)い《レクチャーノート版》、2015年04月、http://www.kurims.kyoto-u.ac.jp/~motizuki「過去と現在の研究」
35：上垣 渉(三重大学教育学部数学教室)、分数の起源に関する史的考察、三重大学教育学部研究紀要、第47巻 自然科学(1996)、1-17頁
36：YBC 6967 as transliterated and literally translated by Jöran Friberg (A Remarkable Collection of Babylonian Mathematical Texts, Springer, New York, 2007)
37：YBC 6967 analysis. Eleanor Robson, "Neither Sherlock Holmes nor Babylon: A reassessment of Plimpton 322," Historia Mathematicae 28 167-206 (2001).
38：会田 由・増田義郎・生田 茂(訳注)、大航海時代叢書、岩波書店、1960年代-90年代
39：朝日新聞デジタル(石倉徹也、2021.8.8)、ピタゴラスは遅かった 三平方の定理「最古の応用例」
40：栗原俊雄、戦艦大和 生還者たちの証言から、岩波新書、2007.
41：機械工学事典電子版、二重船こく構造(double hull cunstruction)
42：ペートル・ベックマン(田尾陽一、清水韶光訳)、「πの歴史」、筑摩書房(ちくま学芸文庫)、2006年4月
43：本丸 諒、数学者図鑑、かんき出版、2022。7.6.(第2刷)
44：François Chollet、巣籠悠輔(監訳)、PythonとKerasによるディープラーニング、
45：マイナビ出版、2018.10.25.(第4刷)

その他：人名、地名、歴史的出来事等は、「コトバンク」、「日本大百科全書(ニッポニカ)」、「百科事典マイペディア」、「デジタル大辞泉」、「旺文社世界史事典 三訂版」及び「Wikipedia」を参考としていますが、写真等は出典等を各図、写真の下に記載しています。

アルファベット・記号

五十音順

<あ行>

<か行>

<は行>

<ま行>

<や行>

<ら行>

<わ行>

《著者略歴》

和田　尚之（わだ・ひろし）

宮城県気仙沼生まれ、東京日本橋人形町で過ごす。

1977年、日本大学在学中渡米、UCBerkeley教授Garrett Eckbo氏の事務所で環境論研究。
また、渡米中UCLA教授Lawrence Halprin氏、Harvard大学教授Robert L.Zion氏と関わり、帰国後も影響を受ける。
1978年12月Zion氏の「ミッドタウン・パーク・システム」を翻訳（環境計画家協会、環02号）。

大学卒業後、日本大学数理工学科登坂宣好教授の研究室で、7年間、環境分野での境界要素法（2次元非定常移流拡散問題の積分方程式法）の研究。

1998年、長野県に活動拠点を移す。
2003年、信州大学大学院工学系研究科博士後期課程修了（2年で博士の学位取得飛び級修了。奥谷 巖教授研究室：地域計画・交通論）。地元の大学で非常勤講師として情報系講座の講義で10年教鞭を取る。
2017年以降、東京でAIセミナー、AI講演会（経産省・国交省・土木研究所後援）で講師。
慶應義塾大学の武藤佳恭名誉教授・武蔵野大学データサイエンス学部教授のもとで自然エネルギーを使った温度差発電（薪ストーブ発電によるLEDイルミネーション）等で観光・地域のにぎわい化や機械学習・AIの無償教育啓蒙活動などを行なっている。
専門は地域学（自己組織化臨界状態理論）、数理学（データサイエンス・機械学習）。

現在　技建開発（株）教育センター長。工学博士、技術士、1級建築士、専門社会調査士。

［主な著書］

・「機械学習コレクション Weka入門　2019年
・「機械学習」と「AI」のはなし　2020年
・実務のための「機械学習」と「AI」　2021年
・機械学習とAIのためのデータの自己組織化　2022年

すべて工学社より

本書の内容に関するご質問は、
①返信用の切手を同封した手紙
②往復はがき
③FAX (03) 5269-6031
（返信先のFAX番号を明記してください）
④E-mail　editors@kohgakusha.co.jp
のいずれかで、工学社編集部あてにお願いします。
なお、電話によるお問い合わせはご遠慮ください。

サポートページは下記にあります。

［工学社サイト］
http://www.kohgakusha.co.jp/

I/O BOOKS

数学千夜一夜
～「数学の発明」から「AIの発展」まで～

2023年 6 月30日　初版発行　©2023

著　者　和田　尚之
発行人　星　正明
発行所　株式会社工学社
〒160-0004 東京都新宿区四谷4-28-20 2F
電話　(03) 5269-2041（代）［営業］
　　　(03) 5269-6041（代）［編集］

※定価はカバーに表示してあります。

振替口座　00150-6-22510

印刷：（株）エーヴィスシステムズ

ISBN978-4-7775-2259-0